园林植物图鉴丛书

彩色叶树种

吴棣飞　王军峰　姚一麟　编著

中国电力出版社
CHINA ELECTRIC POWER PRESS

内容提要

当前在“美丽中国”“美丽乡村”思想的指导下，城乡绿化由粗放绿化转向彩化、靓化，“红叶经济”能给当地带来客可观的收益，因此彩色叶树种的应用广泛受到人们的追捧。本书是《园林植物图鉴丛书》中的一本。书中详细介绍了彩色叶树种中春色叶树种、秋色叶树种、常色叶树种、斑色叶树种以及双色叶树种植物的学名（拉丁名）、别名、形态特征、生态习性、繁殖栽培、适生地区、观赏特性以及园林应用。此外，在介绍完每一种植物后，还会根据具体情况介绍同属常用栽培利用的植物。每一种植物都辅以清晰的叶、花、植株形态和园林应用情况的图片。适于园林专业在校学生、相关职业从业者参考。

参与编写人员：叶盖宇　张旭乐　张佳平
摄　　　　影：吴棣飞　王军峰　姚一麟　顾余兴　张佳平　莫海波

图书在版编目（CIP）数据

彩色叶树种／吴棣飞，王军峰，姚一麟编著. —北京：中国电力出版社，2015.1
（园林植物图鉴丛书）
ISBN 978-7-5123-6590-2

Ⅰ. ①彩… Ⅱ. ①吴… ②王… ③姚… Ⅲ. ①树种－图谱 Ⅳ. ①S79-64

中国版本图书馆CIP数据核字（2014）第234509号

中国电力出版社出版发行
北京市东城区北京站西街19号　100005　http://www.cepp.sgcc.com.cn
责任编辑：王　倩　胡堂亮
责任印制：郭华清　　责任校对：常燕昆
北京盛通印刷股份有限公司印刷・各地新华书店经售
2015年1月第1版・第1次印刷
700mm × 1000mm　1/16・13.5印张・346千字
定价：62.00元

Preface
前　言

众所周知，任何园林景观的营造都离不开植物。凡能应用于园林景观中，其茎、叶、花、果、植株个体或群体具有较高观赏价值的植物种类，均可称为园林植物或观赏植物。通常按照其园林用途，可分为一二年生花卉、宿根花卉、常绿花卉、球根植物、水生植物、乔木、灌木、藤蔓植物、地被植物、仙人掌类植物、多浆多肉植物等。

园林植物以其优美的姿态、繁多的色彩、醉人的芳香，成为构成园林景观的必要元素。它们具有多种景观功能，如构成景点、突出季相变化，配合小品、烘托主景，组织游线、划分空间等。此外，园林植物还具有调节气候、涵养水土、吸附粉尘、吸收有害气体等生态价值，对环境的保护与改善作用显著。

随着我国经济的不断发展，人们对生活环境的要求不断提高，园林观赏植物已成为人们生活中不可或缺的一部分。近年来，随着我国园林绿化事业的蓬勃发展，对外交流日趋活跃，大量国外的园林植物被引种到我国，本土的新优植物也得到长足的应用。然而，广大的园林工作者和爱好者在栽培、欣赏这些植物时，往往缺少相应的参考资料。为此，我们编写了此套《园林植物图鉴丛书》。

本套丛书共介绍了3000余种园林观赏植物，每种植物均简明扼要地介绍了中文名、拉丁学名、别名、科属、形态特征、产地、习性、栽培要点、园林应用等，并配有精美的图片，以供辨识。

本套书内容翔实、科学易用、通俗易懂、图文并茂，无论是植物爱好者、园艺工作者还是大专院校相关专业的师生，均可从本套书中了解到相关花卉的知识，为家庭栽培、园林应用等提供了必要的参考信息。

由于作者水平有限，在编写过程中难免存在疏漏之处，敬请读者批评指正。

Contents
目录

常色叶树种

斑色叶树种

总 述

彩叶树种又名色叶树种，是指叶片呈现红色、黄色、紫色、橙黄色等色彩，从而具有较高观赏价值的树种。彩叶树种的叶色常因季节的不同而发生变化，例如鸡爪槭 *Acer palmatum*，早春新叶为嫩红色，随后春夏季叶色为深绿色，深秋叶色为紫红色。有些观叶树种，在整个生长季节呈现均一的色彩或具有彩斑，如红花檵木 *Loropetalum chinense* var. *rubrum*，整个生长季呈现红色，银姬小蜡*Ligustrum sinense* 'Variegatum'叶边缘有不规则银白色斑块。

在园林应用上，根据彩叶树种叶色变化的特点，可将其分为春色叶树种、秋色叶树种、常色叶树种、斑色叶树种、双色叶树种五大类。

春色叶树种

春色叶树种是指春季新生嫩叶呈现显著不同叶色的树种，一般呈现红色、紫红色或橙黄色。有些常绿树新叶并不仅仅春季发生，一般称为新叶有色类，但是由于种类较少，为了方便姑且统称为春色叶树种。一些秋色叶树种的春叶也极具观赏价值，如三角槭*Acer buergerianum*、黄连木*Pistacia chinensis*等，因此在园林植物造景时，通过巧妙设计、合理搭配，可以取得意想不到的艺术效果。

秋色叶树种

秋色叶树种是指秋季树叶变色比较均匀一致，持叶期较长，观赏价值突出的树种。尽管几乎所有落叶树种在秋季都有叶色变化的现象，但是由于色彩不佳或持叶期太短，并不适宜称之为秋色叶树种。秋色叶树种绝大多数为落叶树，但是少数常绿树种秋色艳丽，可作为秋色叶树种应用，比如南天竹*Nandina domestica*。

常色叶树种

常色叶树种是指整个生长期内或常年呈现异色（非绿色）的观赏品种，其大多数由芽变或杂交产生，并经过人工选育栽培而来。园林中常见栽培的树种中，红色的有红槭*Acer palmatum* 'atropurpureum'、红花檵木*Loropetalum chinense* var. *rubrum*、紫叶李*Prunus cerasifera* '*atropurpurea*' 等；黄色的有金叶女贞*Ligustrum*×*vicaryi*、金叶国槐*Sophora japonica* 'Jinye'、金叶榆*Ulmus pumila* 'Jinye'、金叶莸*Caryopteris clandonensis* 'Worcester Gold'、金叶假连翘*Duranta repens* 'Variegata' 等；翠蓝色的有蓝冰柏*Cupressus glabra* 'Blue Ice'；白色的有芙蓉菊*Crossostephium chinense*、银石蚕*Teucrium fruticans*等。

斑色叶树种

斑色叶树种是指绿色的叶片上具有其他颜色的斑点、斑纹、条纹或叶缘镶边，呈现异色的树种。斑色叶树种在本质上可分为两类，即遗传性的彩斑与病毒导致的彩斑。斑色叶树种的品种极其众多，常见的叶上具斑点的有洒金东瀛珊瑚*Aucuba japonica* 'Variegata' 等；具斑纹的有金心冬青卫矛*Euonymus japonicus* 'Aureo-pictus'、斑叶海桐*Pittosporum tobira* 'Variegatum' 等；具叶缘镶边的有金边瑞香*Daphne odora* f. *marginata*、银边冬青卫矛*Euonymus japonicus* 'Albo-marginatus' 等。

双色叶树种

双色叶树种是指叶表与叶背呈现显著不同颜色的树种。在微风吹拂下及阳光照耀下，可形成特殊的光影效果，亦真亦幻，美妙绝伦。此类树种如舟山新木姜子*Neolitsea sericea*，又名佛光树，其老叶叶表呈深绿色，叶背密被金色绢毛，在阳光照耀及微风吹动下闪闪发光，蔚为壮观。此外红背桂花*Excoecaria cochinchinensis*、叶底红*Bredia fordii*叶背紫红色，胡颓子*Elaeagnus pungens*、银白杨*Populus alba*叶背面银白色，石灰花楸*Sorbus folgneri*叶背显著苍白色，均具有较高的观赏价值。

众所周知，当代园林景观已发展到四维空间，园林景观随着时间变化产生相应的季相变化，尤以春季、秋季最为显著。充分利用彩叶树种，可以体现植物的季相之美，营造出丰富的景观色彩，形成如诗如画的美景。国外十分重视彩叶树种的利用，加拿大每年都要举行枫叶节，而日本更有春樱、秋枫之说。国内在彩叶树应用上亦不乏成功的案例，君不见每到秋季北京香山、南京栖霞山这些著名的赏叶胜地，层林尽染、漫山红遍，游人趋之若鹜，而其带来的“红叶经济”亦相当可观。胡锦涛在“十八大”会议上作报告时提出“美丽中国”的发展观点，报告指出要努力建设美丽中国，实现中华民族永续发展。这为彩叶树种的进一步开发、推广、应用提供了良好的契机。

本书笔者精选了近200种优良的彩叶树种，介绍了其形态特征、生态习性、栽培繁殖要点、观赏特性及园林应用情况。

由于作者水平有限，书中错误在所难免，请广大读者批评指正。

春色叶树种

虎皮楠科 Daphniphyllaceae

001

虎皮楠

学名: *Daphniphyllum oldhamii*

科属: 虎皮楠科虎皮楠属

别名: 四川虎皮楠、南宁虎皮楠

形态特征: 常绿小乔木，高5~10米，小枝纤细，暗褐色。叶纸质，披针形或倒卵状披针形，长9~14厘米，宽2~4厘米，先端急尖或渐尖，边缘反卷。雄花序长2~4厘米，较短，雌花序长4~6厘米。果椭圆或倒卵圆形，暗褐至黑色。花期3~5月，果期8~11月。

生态习性: 喜温暖湿润及阳光充足的环境，耐半阴，不甚耐寒。喜疏松肥沃、排水良好的酸性土壤。

繁殖栽培: 可播种法繁殖。春季播种，选择排水良好的砂质壤土为佳，全日照、半阴环境均可。苗木生长缓慢，春季适当施肥，并应稍做整枝。成年树难移植，需先断根处理，需要带大土球。

适生地区: 长江流域以南省区。

观赏特性: 虎皮楠树形整齐，枝叶浓密，春季新叶鲜红色，集生枝端，在常绿老叶映衬下，全树呈现嫩红色外冠，极为美观。

园林应用: 可作园景树，植于庭院、草坪观赏。根叶可入药。

杜英科 Elaeocarpaceae

002

猴欢喜

学名: *Sloanea sinensis*

科属: 杜英科杜英属

形态特征: 常绿乔木，高达12米。叶聚生小枝上部，坚纸质，狭倒卵形或椭圆状倒卵形，长5~12厘米，宽3~5厘米，边缘在中部以上有少数小齿或近全缘。花数朵生小枝顶端或小枝上部叶腋，绿白色，下垂。蒴果木质，卵球形密被红色刺毛，熟时裂成5~6瓣。花期9~11月，果期翌年7~10月成熟。

生态习性: 偏阳性树种，喜温暖湿润气候，不耐干旱。喜深厚、肥沃、排水良好的酸性土壤。

繁殖栽培: 播种繁殖。10月份采种，种子需湿沙储藏，第二年春播。幼苗期喜阴湿，夏日需防烈日曝晒，注意水分的供给。

适生地区: 华东、华中、华南及西南。

观赏特性: 本种树形美观，四季常青，春季新叶嫩红，观赏期近20余天，尤其红色蒴果密被紫红色刺毛，绿叶丛中满树红果，生机盎然，是以观果为主、观叶与观花为辅的珍稀观赏树种。

园林应用: 宜作庭园树、行道树、园景树。可以孤植、丛植、片植，亦可混植于其他观赏树种，起到调整早春林相的作用。

杜鹃花科 **Ericaceae**

003

短尾越橘

学名: *Vaccinium carlesii*

科属: 杜鹃花科越橘属

别名: 小叶乌饭树

形态特征: 常绿灌木，高1~2米，多分枝。叶革质，卵状矩圆形，长3~5厘米，宽1~2厘米，顶端短尾状渐尖，边缘有疏细齿。总状花序腋生和顶生，长2~4厘米，花小，花冠白色，钟状。浆果球形，直径4毫米，紫红色。花期5~6月，果期8~10月。

生态习性: 喜温暖湿润的半阴环境，不耐干旱。喜深厚、肥沃、排水良好的酸性土壤，不耐盐碱。

繁殖栽培: 可播种、扦插繁殖。播种在春、秋季，发芽适温13~18℃，播后30~40天发芽。扦插可初夏用嫩枝扦插，夏末用半熟枝扦插，穗长8~10厘米，插后25~30天生根。用生根剂处理可促进发根。

适生地区: 华东、华中、华南及西南。

观赏特性: 本种枝叶繁茂，株型紧凑，春季嫩叶鲜红色，观赏价值高，若加强修剪，促发新叶，则几乎全年可赏，园林中几无应用，值得大力开发。

园林应用: 可丛植于林缘、建筑阴面或修剪为球形灌木或作色带绿篱。

004

扁枝越橘

学名: *Vaccinium japonicum* var. *sinicum*

科属: 杜鹃花科越橘属

别名: 山小檗、深红越桔

形态特征: 落叶灌木，高0.5~2米，茎直立，多分枝，枝条扁平，绿色，无毛。叶片纸质，卵形或卵状披针形，长2~6厘米，宽0.7~2厘米。花冠白色，有时带淡红色。浆果直径约5毫米，绿色，成熟后转红色。花期6月，果期9~10月。

生态习性: 喜温暖湿润的半阴环境，不耐干旱。喜深厚、肥沃、排水良好的酸性土壤。

繁殖栽培: 可扦插、播种繁殖。

适生地区: 长江以南各省区。

观赏特性: 本种春季嫩叶鲜红色，高海拔表现更佳，但株型较松散，需加强修剪，适当造型。园林中几无应用，值得大力开发。

园林应用: 可丛植于林缘、山石、建筑阴面。

大戟科 Euphorbiaceae

005

山麻杆

学名： *Alchornea davidii*

科属： 大戟科山麻杆属

别名： 桐花杆、桂圆树、红荷叶

形态特征： 落叶丛生灌木，高1~4米。茎干直立而分枝少，茎皮常呈紫红色。叶薄纸质，阔卵形或近圆形，长8~15厘米，宽7~14厘米，边缘具粗锯齿或具细齿。雌雄异株，雄花序穗状，1~3个生于一年生枝已落叶腋部，雌花序总状，顶生。蒴果近球形，密生短柔毛。花期3~5月，果期6~7月。

生态习性： 喜光，但耐半阴，喜温暖湿润气候，不耐严寒，不甚耐旱。对土壤要求不严，适应性强。萌芽力强，生长速度快。

繁殖栽培： 播种、扦插或分株繁殖。移植宜在秋冬季。生长期适当浇水，并施肥1~2次，夏季注意排涝。每年适度疏枝，保持株丛饱满，生长3~4年需截干或平茬更新。

适生地区： 华东、华中、华南、西南及华北南部，宜栽植于坡地。

观赏特性： 山麻杆茎干紫红，春季嫩叶鲜红色，观叶期近20天，秋叶橙红色至紫红色，持叶期约15天，为优良观干赏叶树种。

园林应用： 最宜片植于常绿树背景前，或丛植于白墙、庭院、水畔、山石旁，可衬托其红叶效果。

壳斗科 Fagaceae

006

米槠

学名：*Castanopsis carlesii*

科属：壳斗科锥属

别名：小红栲、小叶槠

形态特征：常绿乔木，高8~15米。叶卵形或狭卵形，长6~8厘米，宽2~3厘米，先端尾尖或长渐尖，边缘中部以上有细锯齿或全缘。雄花序穗状或圆锥状。壳斗近球形至椭圆形，不规则瓣裂，宿存于果序轴上，苞片鳞片形或针头形，坚果圆锥形。花期3~6月，果翌年9~11月成熟。

生态习性：喜温暖湿润气候，能耐阴，喜深厚、温润的中性和酸性土，亦耐干旱和贫瘠，不耐积水。

繁殖栽培：播种繁殖。种子精选后湿沙层积储藏，翌年早春播种。苗期需适度遮阳，生长期注意浇水防旱，每月施肥1~2次，雨季注意排水防涝。

适生地区：长江流域以南省区。

观赏特性：米槠树冠饱满，株型紧凑，春季新叶古铜色至嫩黄色，可调节亚热带常绿阔叶林的林相。

园林应用：可作庭荫树、行道树、背景树，也可作四旁绿化、防火林、防风林树种。

•春色叶

•春色叶

007

青冈

学名: *Cyclobalanopsis glauca*

科属: 壳斗科青冈属

别名: 青冈栎

形态特征: 常绿乔木，高达20米。叶片革质，倒卵状椭圆形或长椭圆形，长6~13厘米，宽2~5厘米，叶缘中部以上有疏锯齿。雄花序长5~6厘米。果序着生果2~3个。壳斗碗形，包着坚果1/3~1/2，小苞片合生成5~6条同心环带。坚果卵形或椭圆形。花期4~5月，果期10月。

生态习性: 喜温暖湿润与阳光充足的环境，深根性，耐干旱，喜生于微酸性至石灰岩壤土。萌芽力强，可采用萌芽更新。

繁殖栽培: 播种繁殖。种子精选后湿沙层积储藏，翌年早春播种。苗期需适度遮阳，生长期注意浇水防旱，并施肥1~2次。

适生地区: 长江流域以南省区。

观赏特性: 青冈树形整齐，枝叶茂密，春季新叶嫩粉红色，可调节亚热带常绿阔叶林的林相。对气候条件反应敏感，在长期干旱、即将下雨之前或遇上强光闷热天，叶绿素合成受阻，使花青素在叶片中占优势，叶片即会逐渐变红。

园林应用: 可作庭荫树、行道树、背景树，也可作四旁绿化树种，宜中低海拔造林。

金缕梅科 Hamamelidaceae

008

小叶蚊母树

学名: *Distylium buxifolium*

科属: 金缕梅科蚊母树属

形态特征: 常绿灌木，小枝及芽有褐色星状毛。叶倒卵形或倒卵状披针形，长3~5厘米，宽0.7~1.5厘米，顶端圆或钝，有一小突尖，基部狭楔形，全缘，侧脉4~5对，在两面均不明显。雌花排列成总状花序。蒴果卵形。花期4~5月，果期8~10月。

生态习性: 喜光，耐半阴，可耐-8~12℃的低温。抗性较强，抗盐碱、耐水湿，不择土壤。生长速度快，萌芽能力强，耐修剪。

繁殖栽培: 播种、扦插繁殖均可。

适生地区: 长江流域及以南各省区。

观赏特性: 本种叶小质厚，株型紧凑，花序紧密，春季嫩梢嫩叶暗红色，加强修剪促发新梢，几乎全年可赏新叶。

园林应用: 适配植于溪涧、山石旁，亦可作色块绿篱，或整形修剪成球形灌木，成型快，是园林中色块植物新秀，亦是制作盆景的好树种。

樟科 Lauraceae

009

香樟

学名: *Cinnamomum camphora*

科属: 樟科樟属

别名: 樟树、小叶樟

形态特征: 常绿乔木，高达30米，枝和叶都有樟脑味。叶互生，薄革质，卵形，长6~12厘米，宽3~6厘米，下面灰绿色，有离基三出脉，脉腋有明显的腺体。圆锥花序腋生，长5~8厘米，花小，淡黄绿色，花被片6枚。果球形，直径6~8毫米，紫黑色，果托杯状。花期4~5月，果期8~11月。

生态习性: 喜温暖湿润及阳光充足的环境，稍耐阴及干旱，不甚耐寒。喜疏松肥沃、排水量好多的酸性、中性土壤，在盐碱土壤里叶易黄化，生长不良。抗烟尘及有毒气体，抗病虫害能力强，寿命长。

繁殖栽培: 播种繁殖。一般春季播种，一年生苗应移苗，勿留在苗床，否则今后移植成活率很低。大苗移栽宜在秋冬至早春，需带大土球，移栽后需重剪。

适生地区: 华东、华中、华南至西南。

观赏特性: 香樟树姿雄伟，冠大荫浓，嫩叶色彩丰富鲜艳，或红或橙黄，早春的林相极其美观。

园林应用: 我国南方主要行道树树种，亦广泛栽培作为庭荫树、防护林及风景林。木材优良，枝叶可提炼樟脑，樟油，是重要的材用和特种经济树种。樟树会挥发出樟脑烯、柠檬烃、丁香油酚等化学物质，具净化空气、杀菌除臭功效，适合医疗卫生部门及康复花园中应用。

010

红楠

学名: *Machilus thunbergii*

科属: 樟科润楠属

别名: 猪脚楠

形态特征: 常绿乔木，高16米，枝条粗壮，小枝无毛。叶互生，革质，倒卵形或椭圆形，长6~10厘米，宽2~5厘米，上面深绿色，有光泽，下面带绿苍白色，具羽状脉，侧脉7~10对。圆锥花序腋生，具长总花梗。果实球形，熟时蓝黑色，基部具宿存外曲花被片。花期4月，果期6~7月。

生态习性: 喜温暖湿润气候，能耐-10℃的短期低温。喜肥沃湿润的中性或微酸性土壤，也耐贫瘠。生长速度快，寿命长，病虫害少。

繁殖栽培: 播种繁殖，采种需选树龄20年以上的壮龄母树。种子无后熟期，故宜随采随播，不宜储藏。

适生地区: 华东、华中、华南至西南。

观赏特性: 红楠树形整齐，树冠饱满，春季翠绿色的树冠枝端挺立着红色的芽苞，新叶开展后嫩红色渐转嫩黄，十分醒目，有“美叶如花”的效果，因而得名。

园林应用: 宜作行道树、风景树、庭荫树，可植于山间、庭前、屋后，兼具防风、防火之效，深受群众喜爱。尤其备受佛门、道家的青睐，在中国南方庙宇、宫观习见栽培。

011

闽楠

学名: *Phoebe bournei*

科属: 樟科楠属

别名: 竹叶楠、兴安楠木

形态特征: 常绿大乔木，高达15~20米，树干通直，分枝少。叶革质或厚革质，披针形或倒披针形，长7~13厘米，宽2~3厘米，上面发亮，下面有短柔毛，侧脉10~14对。花序生于新枝中、下部，为紧缩不开展的圆锥花序，花小，黄色。果椭圆形或长圆形，宿存花被片被毛，紧贴。花期4月，果期10~11月。

生态习性: 为国家三级珍稀濒危植物。喜温暖湿润气候，耐阴，不耐寒，根系深，在土层深厚、排水良好的砂壤土上生长良好。

繁殖栽培: 多种子繁殖。采种优良母树应在20年以上，由于种子失水后寿命很短，采回果实后应立即洗净阴干，湿沙贮藏或随采随播，忌堆积曝晒。幼苗出土后要适当遮阴。生长期注意浇水。

适生地区: 华东南部、华中南部、华南及西南省区。

观赏特性: 闽楠树形整齐，树姿雄伟，春季新叶嫩红色，渐转嫩黄色，观赏期长且十分醒目。

园林应用: 宜作风景树、庭荫树、行道树。木材芳香耐久，纹理美观，为上等建筑、家具、工艺雕刻及造船之良材，是珍贵用材树种，值得大力推广造林。

木兰科 Magnoliaceae

012

乐东拟单性木兰

学名: *Parakmeria lotungensis*

科属: 木兰科拟单性木兰属

形态特征: 常绿乔木，高达30米，树皮灰白色，当年生枝绿色。叶革质，倒卵状椭圆形或狭椭圆形，长6~11厘米，宽2~34厘米，上面深绿色，有光泽。花杂性，雄花两性花异株，雄花黄白色，花被片9~14枚，雄蕊30~70枚，两性花的花被片与雄花同形而较小。聚合果椭圆状卵圆形。花期4~5月，果期8~9月。

生态习性: 喜温暖湿润气候，能耐-12℃的严寒。喜土层深厚、肥沃、排水良好的酸性、中性土壤。生长迅速，适应性强，对有毒气体有较强的抗性。

繁殖栽培: 播种繁殖。通常9~10月果色深红并有少数果微裂时及时采集，置于阴凉通风处，让果实自然开裂，取出种粒，堆沤2~3天，搓洗去掉假种皮，将种子用干净的湿沙进行层积贮藏催芽。春季播种，当年生苗高达30~50厘米。苗期需注意遮阴。

适生地区: 华东、华中、华南及西南省区。

观赏特性: 本种树干通直，叶色亮绿，春天新叶深红色，初夏开白花清香远溢，秋季果实红艳夺目，是优良的绿化树种。

园林应用: 可作庭荫树、行道树、风景树，适宜配植于公园、四旁、庭园。木林心材明显，供建筑、家具等用，为珍贵用材。

楝科 Meliaceae

013

香椿

学名: *Toona sinensis*

科属: 楝科香椿属

别名: 毛椿、椿芽、春甜树

形态特征: 落叶乔木，高达25米，树皮条片状剥裂。偶数羽状复叶互生，小叶10~22枚，对生，长椭圆状披针形，全缘或具不显钝齿，有香气。顶生圆锥花序，花小，两性。蒴果5瓣裂，长约2.5厘米。花期6~8月，果期10~12月。国外有优良赏秋色叶品种*Toona sinensis*‘Flamingo’等，观赏价值更高。

生态习性: 喜光，喜肥沃土壤，较耐水湿，有一定的耐寒能力。深根性，萌蘖力强，生长速度中等偏快。

繁殖栽培: 可种子繁殖、分株繁殖、扦插繁殖。园林用苗需修剪去干基萌蘖，保证树干通直。移栽应在冬季落叶后早春萌芽前，宜深栽。

适生地区: 我国辽宁南部、华北、华东至西南省区。

观赏特性: 本种树干通直，冠大荫浓，春季嫩叶紫红色，夏季深绿色，秋季橙黄色。

园林应用: 本种优良用材及四旁绿化树种，也可植为庭荫树及行道树。嫩芽富香气，可作蔬食，根皮及果入药。

桃金娘科 **Myrtaceae**

014

赤楠

学名: *Syzygium buxifolium*

科属: 桃金娘科赤楠属

别名: 鱼鳞木、牛金子

形态特征: 常绿灌木或小乔木，高达5米，小枝茶褐色，无毛。单叶对生，革质，倒卵状椭圆形，长2.5~3厘米，先端钝，基部楔形，全缘。聚伞花序顶生，花白色。浆果卵球形，直径6~10毫米，紫黑色。花期6~8月，果期10~11月。

生态习性: 喜光，耐半阴，喜温暖湿润气候，不耐寒。喜疏松肥沃、排水顺畅的酸性土壤，亦耐贫瘠。生长慢，耐修剪。

繁殖栽培: 可播种、扦插繁殖。生长期需保持土壤湿润，适当施肥1~2次。因其生长慢，树龄长，移植注意带大球，尽量少伤根。

适生地区: 长江流域以南省区。

观赏特性: 赤楠树形苍劲、枝叶浓密，新叶嫩红色，可通过修剪促进新叶萌发，从而春、夏、秋三季几乎均呈现出红叶效果。此外，果实紫红色，集生枝端，亦甚美观。

园林应用: 可配植于庭园、假山、草坪林缘观赏，亦可修剪造型为球形灌木，或作色叶绿篱片植。亦常作盆景树种。果可生食用或酿酒。

同属常见栽培近似种有:

轮叶蒲桃*Syzygium grijsii*：叶对生或常3叶轮生，狭倒披针形，易于区别。

015

钟花蒲桃

学名: *Syzygium campanulatum*

科属: 桃金娘科赤楠属

别名: 红枝蒲桃、红车木

形态特征: 常绿灌木或小乔木，株高2米。小枝4棱，无毛。单叶对生，革质，长披针形，长8~12厘米，宽2~5厘米，先端渐尖，基部圆形，全缘。圆锥花序腋生。果实球形，直径6~10毫米，紫黑色。花期7~9月，11月果熟。

生态习性: 喜光，喜高温湿润气候，不耐寒，不耐积水。要求疏松、排水良好的土壤。生长快，萌发力强，耐修剪。

繁殖栽培: 扦插、播种繁殖。定植时间常为12月至翌年2月。病虫害少，养护管理粗放。

适生地区: 我国从东南亚至大洋洲引入。华南、西南以及华东的福建、台湾适生。

观赏特性: 本种株型丰满，枝叶茂密，其新叶四季红润鲜亮，随生长变化逐渐呈红色、橙黄色、深绿色依次呈现，且色彩持久，若加强修剪，华南地区几乎全年可赏红叶，是近年来新兴的优秀彩叶灌木。

园林应用: 可修剪成球形、塔形、圆柱形等各种造型，三五成群配置成景；可配植于庭院、山石等处，亦可做绿篱、树篱分隔空间。可列植做行道树，也可在门廊处对植。还可盆栽观赏。

蔷薇科 Rosaceae

016

浙闽樱桃

学名: *Cerasus schneideriana*

科属: 蔷薇科樱属

别名: 浙闽樱

形态特征: 落叶小乔木，高2.5~6米。小枝紫褐色。叶片长椭圆形或倒卵状长圆形，长4~8厘米，宽1.5~4.5厘米，先端渐尖或骤尾尖，边缘锯齿渐尖，常有重锯齿，叶柄先端有2枚黑色腺体。花序伞形，通常2朵，稀1或3朵，花粉红色，先花后叶。核果紫红色，长椭圆形。花期3月，果期5月。

生态习性: 喜温暖湿润及阳光充足的环境，稍耐阴，不甚耐寒，稍耐旱。喜疏松肥沃、排水量良好的砂质土壤。

繁殖栽培: 播种繁殖，宜随采随播。

适生地区: 华东、华中、华南及西南中高海拔，低海拔色叶效果差。

观赏特性: 本种早春开花，开花极早，花期与叶同时开展，叶色古铜色，果鲜红色，极为诱人，是赏花、观叶、观果的华瓜木花木。

园林应用: 宜配植于公园、草坪、林缘等处，亦可引种于樱花专类园，有效延长专类园的游赏期。

017

红叶石楠

学名: *Photinia × fraseri*

科属: 蔷薇科石楠属

形态特征: 红叶石楠是蔷薇科石楠属杂交种的统称，常绿小乔木，株高4~6米，叶互生，革质，长椭圆形至倒卵披针形，边缘有细锯齿，因其新梢和嫩叶鲜红而得名。中国花木界主流为红罗宾‘RedRobin’、红唇‘RedTip’、鲁宾斯‘Rubens’三个品种，其中红罗宾的叶色鲜艳夺目，观赏性最佳。花期4~5月，果期10月。

生态习性: 喜光，稍耐阴，耐寒性强，能耐-18℃低温。喜温暖湿润气候，耐干旱瘠薄，不耐水湿。红叶石楠生长速度快，萌芽性强，耐修剪，易于移植。

繁殖栽培: 扦插繁殖为主。养护管理粗放，若定时修剪，新叶红叶效果更佳。

适生地区: 黄河流域至长江流域，华南地区红叶褪色快，效果差。

观赏特性: 本种枝繁叶茂，冠形紧凑，初夏白花点点，秋末红果累累，春、秋新梢和嫩叶火红，色彩艳丽持久，极具生机。在夏季高温时节，叶片转为亮绿色。

园林应用: 可群植成绿篱或树墙，应用于居住区、厂区绿地、街道或公路绿化隔离带，可培育成独干或球形灌木，亦可盆栽后放置在门廊及室内。

018

椤木石楠

学名: *Photinia davidsoniae*

科属: 蔷薇科石楠属

别名: 椤木、水红树花

形态特征: 常绿乔木，高6~15米，小枝紫褐色或灰色，幼时有稀疏平贴柔毛，短枝常有刺。叶片革质，矩圆形或倒披针形，新叶嫩红。复伞房花序顶生，花白色。梨果球形，红色或褐紫色，花期4~5月，果期10~11月。

生态习性: 喜光也耐阴，喜温暖湿润气候，较抗寒，不耐积水。对土壤要求不严，以肥沃湿润的砂质土壤最为适宜。萌芽力强，耐修剪，对烟尘和有毒气体有一定的抗性。

繁殖栽培: 播种、扦插繁殖。11月采种，将果实堆放捣烂漂洗，取籽晾干，层积沙藏，至翌春播种，注意浇水、遮阴管理，出苗率高。扦插于梅雨季节剪取当年健壮半熟嫩枝为插穗，长10~12厘米，基部带踵，插后及时遮阴，勤浇水，保持床土湿润，极易生根。

适生地区: 长江流域以南省区。

观赏特性: 本种树冠圆整，叶丛浓密，春季嫩叶鲜红色，花白色，冬季果实红色，鲜艳醒目，是常见的观赏树种。

园林应用: 本种因具枝刺，常作刺篱；可修剪成各种造型。

019

石楠

学名: *Photinia serratifolia*

科属: 蔷薇科石楠属

别名: 山官木、石楠柴、扇骨木

形态特征: 常绿灌木或小乔木，高4~6米，小枝褐灰色，无毛。叶革质，长椭圆形、倒卵状椭圆形，长9~22厘米，宽3~6厘米，边缘有疏生带腺细锯齿，近基部全缘。复伞房花序顶生，花白色。梨果球形，红色或褐紫色，花期4~5月，果期10~11月。

生态习性: 喜温暖湿润气候，抗寒力不强，喜光也耐阴。对土壤要求不严，以肥沃湿润的砂质土壤最为适宜，萌芽力强，耐修剪，对烟尘和有毒气体有一定的抗性。

繁殖栽培: 播种、扦插繁殖。11月采种，将果实堆放捣烂漂洗，取籽晾干，层积沙藏，至翌春播种，注意浇水、遮阴管理，出苗率高。扦插于梅雨季节剪取当年健壮半熟嫩枝为插穗，长10~12厘米，基部带踵，插后及时遮阴，勤浇水，保持床土湿润，极易生根。

适生地区: 秦岭、黄河以南地区。

观赏特性: 本种树冠圆整，叶丛浓密，春季嫩叶紫红色，花白色，冬季果实红色，鲜艳醒目，是常见的观赏树种。

园林应用: 可配植于公园、庭院、居住区。大苗可作树墙、绿篱材料。

杨柳科 Salicaceae

020

垂柳

学名: *Salix babylonica*

科属: 杨柳科柳属

别名: 杨柳

形态特征: 落叶乔木，高达10米，小枝细长，下垂，有光泽，褐色或带紫色。叶矩圆形、狭披针形或条状披针形，长9~16厘米，宽5~15毫米，边缘有细锯齿，下面带白色。雄花序长1.5~2厘米。蒴果长3~4毫米，带黄褐色。花期3~4月，果期4~5月。

生态习性: 喜光，喜温暖湿润气候，耐水湿，耐寒。对环境的适应性很广，稍耐干旱与盐碱。在立地条件优越的平原沃野，生长更好。一般寿命为20~30年。

繁殖栽培: 以扦插繁殖为主。扦插于早春进行，选择生长快、病虫少的优良植株作为采条母树，在萌芽前剪取2~3年生枝条作插穗。移植宜在冬季落叶后至翌年早春芽未萌动前进行，栽后要充分浇水并立支柱。

适生地区: 除青藏高原、新疆外，全国广布。

观赏特性: 垂柳树形整齐优美，枝条下垂如帘，姿态婀娜多姿，早春新叶嫩绿明亮，给人明快轻快之感，秋叶鲜黄色，持叶期近2周，可增秋色，是富含诗意的传统树种。

园林应用: 最宜配植于河流、湖泊水边，若于碧桃、海棠等花灌木间植，可形成“花红柳绿”的春景。

苦木科 Simaroubaceae

021

臭椿

学名： *Ailanthus altissima*

科属： 苦木科臭椿属

别名： 樗树、白椿

形态特征： 落叶乔木，高可达20米，树皮平滑有直的浅裂纹。奇数羽状复叶互生，长45~90厘米，小叶13~25枚，揉搓后有臭味，顶端渐尖，全缘，仅在近基部通常有1~2对粗锯齿，齿顶端下面有1腺体。圆锥花序顶生，花杂性，白色带绿。翅果矩圆状椭圆形，长3~5厘米。 花期4~5月，果期8~10月。

生态习性： 喜光，喜温暖湿润气候，耐寒，不耐水涝。适应性强，耐旱、耐盐碱贫瘠，对土壤要求不严。

繁殖栽培： 播种繁殖。一年生苗高可达60~100厘米，第二年需注意培养通直树干，及时除去侧芽。移植宜在早春，需深栽。

适生地区： 除西藏高原、东北北部外，几乎全国广布。

观赏特性： 臭椿树形高大，树冠圆整，春季新叶红艳，夏秋季红果满树，为优良观赏树种。

园林应用： 可作园林风景树、庭荫树和行道树。宜作石灰岩地区的造林树种，生长良好。

山茶科 Theaceae

022

毛枝连蕊茶

学名: *Camellia trichoclada*

科属: 山茶科山茶属

形态特征: 常绿灌木，高1米，多分枝，嫩枝被长粗毛。叶革质，排成两列，细小椭圆形，长1~2.4厘米，宽6~13毫米，先端略尖或钝，基部圆形，边缘密生小锯齿。花顶生及腋生，花粉红色或白色。蒴果圆形，直径约1厘米。花期11~12月，果期次年10月。

生态习性: 喜半阴，喜温暖湿润气候，不甚耐寒，不耐积水。喜疏松肥沃、富含腐殖质的酸性土壤。萌发力强，耐修剪。

繁殖栽培: 播种或扦插繁殖。对于新叶嫩红的优良植株，多用扦插繁殖。

适生地区: 华东、华中、华南及西南。

观赏特性: 本种株型紧凑，叶小而密，春季新叶暗红色，可通过定期修剪促生新叶，从而有效延长观赏期，是值得开发的乡土色叶灌木。

园林应用: 可丛植于林缘、草坪、山石等处观赏。可通过修剪造型成球状灌木，亦可成植作色块绿篱。

023

木荷

学名: *Schima superb*

科属: 山茶科木荷属

别名: 荷树、荷木

形态特征: 常绿乔木，高8~18米。叶革质，卵状椭圆形至矩圆形，长10~12厘米，宽2.5~5厘米，两面无毛。花白色，单独腋生或顶生成短总状花序，蒴果扁球形，直径约1.5厘米，5裂。花期6~8月，果期10~11月。

生态习性: 喜光，幼年稍耐庇阴。喜温暖湿润的亚热带气候。对土壤适应性较强，但在疏松肥厚的沙壤土生长良好。萌芽力强，生长速度快。

繁殖栽培: 播种繁殖为主，每年10~11月，蒴果呈黄褐色，微裂时采集。蒴果采回后先堆放3~5天，然后摊晒取种，筛选后干藏。2~3月播种为宜，15~20天发芽，一年生苗高30~50厘米。养护管理较为粗放。

适生地区: 长江流域以南省区。

观赏特性: 木荷树干端直，树形整齐，树冠饱满，四季常青，花白色，芳香，春季新叶嫩红色集生枝顶，入冬叶色渐转暗红色，极为美观。

园林应用: 可作庭荫树、行道树及风景林树。叶厚革质，极其耐火，是优良的防火树种，适合工厂矿区绿化。

024

厚皮香

学名: *Ternstroemia gymnanthera*

科属: 山茶科厚皮香属

别名: 猪血柴，水红树

形态特征: 常绿小乔木或灌木，高3~8米。叶厚革质，矩圆状倒卵形，长5~10厘米，宽2~5厘米，全缘，叶柄长1.5厘米。花淡黄色，直径约2厘米，单独腋生或簇生小枝顶端。果圆球形，萼片宿存。花期5~7月，果期9~11月。

生态习性: 喜光，耐半阴，在阳光曝晒处生长不良。喜温暖湿润气候，不甚耐寒。根系发达，较耐旱，不耐积水。萌芽力弱，不耐修剪，生长速度慢，寿命长。

繁殖栽培: 以播种、扦插法繁殖。移植容易成活，栽培宜疏松肥沃、排水良好的酸性土壤，生长期适度浇水，并注意施肥1~2次。一般不需修剪，长成自然株型即可。若作球形造型，修剪也仅需剪去顶芽，促生侧芽。

适生地区: 长江流域以南省区。

观赏特性: 本种树形优美，枝叶繁茂，春季新叶鲜红色，集生枝端，老叶浓绿，红绿相衬。

园林应用: 宜丛栽于林缘、围墙半阴处，或配植于庭院、假山、亭廊等处。

025

日本厚皮香

学名: *Ternstroemia japonica*

科属: 山茶科厚皮香属

别名: 日本猪血柴

形态特征: 常绿灌木或乔木，高3~10米，全株无毛。叶互生，革质，常聚生于枝端呈假轮生状，椭圆形或椭圆状倒卵形，长5~7厘米，宽2~3厘米。花白色。果椭圆形，成熟时肉质假种皮鲜红色。花期6~7月，果期10~11月。

生态习性: 喜半阴，在阳光曝晒处生长不良，喜温暖湿润气候，不甚耐寒。根系发达，较耐旱，不耐积水。萌芽力弱，不耐修剪，生长速度慢，寿命长。

繁殖栽培: 以播种、扦插法繁殖。移植容易成活，栽培宜疏松肥沃、排水良好的酸性土壤，生长期适度浇水，并注意施肥1~2次。一般不需修剪，长成自然株型即可。若作球形造型，修剪也仅需剪去顶芽，促生侧芽。

适生地区: 原产日本，长江流域以南省区。

观赏特性: 本种树形优美，枝叶繁茂，春季新叶鲜红色，集生枝端，老叶浓绿，红绿相衬。

园林应用: 宜丛栽于林缘、围墙半阴处，或配植于庭院、假山、亭廊等处。

椴树科 Tiliaceae

026

粉椴

学名: *Tilia oliveri*

科属: 椴树科椴树属

别名: 灰背椴

形态特征: 落叶乔木，高14米，小枝无毛。叶宽卵形或卵圆形，长3~8厘米，宽3~10厘米，先端突尖或渐尖，基部偏斜楔形或心形，边缘具短刺状锯齿。聚伞花序长4~11厘米，苞片长7~8厘米，花瓣黄色，无毛。果椭圆状球形。花期7~8月。

生态习性: 喜光，也耐阴，喜冷凉湿润气候，耐寒，喜肥沃、疏松的土壤，不耐盐碱，与烟尘，在干旱、瘠薄或积水土壤中生长不良。

繁殖栽培: 播种繁殖。

适生地区: 黄河流域至长江流域广布。

观赏特性: 树形美观，花朵芳香，早春新叶紫红色。

园林应用: 可作庭荫树、行道树种植，亦可营造风景林和防护林。

秋色叶树种

槭树科 Aceraceae

027

三角槭

学名： *Acer buergerianum*

科属： 槭树科槭属

别名： 三角枫

形态特征： 落叶乔木，高5~10米。单叶，对生，纸质，卵形或倒卵形，长6~10厘米，顶部常3浅裂至叶片的1/4或1/3处，全缘或上部疏具锯齿，有掌状3出脉。伞房花序顶生，花瓣5枚，黄绿色。翅果长2.5~3厘米，翅张开成锐角或直立。花期4~5月，果期9~10月。

生态习性： 弱阳性树种，稍耐阴，喜温暖湿润气候，较耐寒，不耐干旱，较耐水湿。萌芽力强，耐修剪。喜疏松肥沃、富含腐殖质的土壤。

繁殖栽培： 以播种繁育为主。秋季采种，去翅干藏，至下年早春在播种前两周浸种或混沙催芽后播种。

适生地区： 广布于长江流域各省，北达山东，南至广东，东南至台湾。

观赏特性： 三角枫树姿优雅，干皮美丽，春季花色黄绿，夏季浓荫覆地，秋叶暗红色或橙色，为良好秋色叶树种与园林绿化树种。

园林应用： 用作行道、庭荫树或草坪中点缀。因耐修剪，可盘扎造型，用作树桩盆景。

028

秀丽槭

学名: *Acer elegantulum*

科属: 槭树科槭属

形态特征: 落叶乔木，高9~15米。树皮粗糙，深褐色。叶薄纸质或纸质，基部近于心形，叶片通常5裂，边缘具细圆齿，叶柄长2~4厘米。花序圆锥状，花杂性，雄花与两性花同株，花瓣5片，深绿色。翅果嫩时淡紫色，成熟后淡黄色，翅张开近于水平。花期5月，果期9月。

生态习性: 弱阳性树种，耐半阴，喜温凉湿润环境，不甚耐寒，稍耐旱。对烟尘、二氧化硫抗性强。喜疏松肥沃、排水良好的酸性土壤。

繁殖栽培: 以播种繁育为主。秋季采种，去翅干藏，至下年早春在播种前两周浸种或混沙催芽后播种。

适生地区: 长江流域地区。

观赏特性: 秀丽槭春季冠大荫浓、树形优美、姿色倩丽、青翠宜人，秋季树叶变色为橙黄色、紫红色，是优良的庭园秋色树种。

园林应用: 宜作南方山地丘陵风景林树种，亦可作行道树，或园林中作庭荫树。

029

血皮槭

学名: *Acer griseum*

科属: 槭树科槭属

形态特征: 落叶乔木，高7~10余米，树冠圆形，树皮红褐色，常成纸片状脱落。复叶，由3小叶组成，小叶厚纸质，椭圆形或矩圆形，边缘常具2~3个钝粗锯齿。密伞花序，常有3花组，花黄绿色，雄花与两性花异株。翅果长3~4厘米，张开成锐角或近直立，小坚果密生绒毛。花期4月，果期9月。

生态习性: 弱阳性树种，耐半阴，喜凉爽湿润气候，忌闷热干燥，不耐积水。喜疏松肥沃、排水顺畅的土壤。

繁殖栽培: 以播种繁育为主。种子休眠性很强，采集后需要60℃温水浸泡，15天后取出，然后湿沙藏至翌年4月播种方有较高的发芽率。

适生地区: 我国特产，北至新疆中部、内蒙古和辽宁南部，南至长江流域以北区域内生长良好。

观赏特性: 血皮槭树皮红棕色，自然卷曲，鳞片状斑驳脱落，冬季十分美观醒目，早秋叶片变色呈现鲜红色，鲜艳夺目，是良好的观干观叶树种。

园林应用: 可配植于溪边、池畔、路边、石旁；或孤植于庭院白墙前，或群栽于常绿树背景前，方充分显示其观赏价值更高。

030

鸡爪槭

学名: *Acer palmatum*

科属: 槭树科槭属

别名: 鸡爪枫、七角枫

形态特征: 落叶灌木或小乔木，高达6~7米，枝细长光滑。叶对生，掌状5~9深裂，径5~10厘米，裂片卵状披针形，先端尾状尖，缘有重锯齿。花紫色，顶生伞房花序。果翅长2~2.5厘米，展开成钝角。花期4~5月，果期9月。

生态习性: 喜半阴，喜温暖湿润气候，耐寒性不强，不耐积水。喜疏松肥沃、富含腐殖质的壤土。

•秋色叶

•秋色叶

繁殖栽培: 播种繁殖。10月采种略晒去翅，即可秋播或湿沙层积。春播于2月进行，幼苗在7~8月需短期遮阴，浇水防旱，适当施以稀薄追肥，以促进生长。

适生地区: 广布于我国长江流域，北至山东。

观赏特性: 鸡爪槭树姿优美，叶形秀丽，早春新叶嫩红，秋叶变色为红色或古铜色，为著名秋色叶观赏树种。

园林应用: 可片植于林缘、林下半阴处，或配植于溪边、池畔、假山、庭院白墙前，多做点景之用。

031

羽毛枫

学名: *Acer palmatum* 'Dissectum'

科属: 槭树科槭属

别名: 细叶鸡爪槭

形态特征: 落叶灌木，高达3米。树冠开展而枝略下垂。叶对生，掌状5~9深裂达基部，裂片狭长且又羽状细裂。花期4~5月，果期9月。

生态习性: 喜半阴及温暖湿润气候，耐寒性不强，不耐积水。喜疏松肥沃、富含腐殖质的壤土。

繁殖栽培: 多行嫁接繁殖。用鸡爪槭实生苗为砧木，枝接在春季进行，嫩枝接在梅雨期进行，砧木与接穗均选取当年生半木质化的枝条，采用高枝多头接法，可促使早日形成圆整树冠。移植在落叶后至萌动前进行，需带宿土。定植后，春夏宜施2~3次速效肥，夏季保持土壤适当湿润，入秋后土壤以偏干为宜。

适生地区: 我国长江流域各省。

观赏特性: 本种树姿舒展，叶形奇特，秋叶变色为深黄色至橙红色，持叶期15~20余天。

园林应用: 可配植于溪边、池畔、路边、石旁，或孤植于庭院白墙前，或群栽于常绿树背景前。

032

色木槭

学名: *Acer pictum*

科属: 槭树科槭属

别名: 五角槭、五角枫

形态特征: 落叶乔木，高达20米。叶掌状5裂，裂片较宽，先端尾状锐尖，裂片不再分为3裂。叶基部常心形，最下部2裂片不向下开展，但有时可再裂出2小裂片而成7裂。果翅较长，为果核之1.5~2倍。花期5月，果期9月。

生态习性: 喜光，喜温凉湿润气候及雨量较多地区，稍耐阴，耐寒，但过于干冷及炎热地区均不宜生长。

繁殖栽培: 多播种繁殖。宜选择地势平坦、土层深厚疏松、排水良好的砂壤土作育苗地。种子播前需经过湿砂层积催芽，可在4月中旬进行，15~20天种子发芽。随后做好间苗、除草等工作，生长期适当施肥1~2次。一年生苗可达70厘米，其后养护管理较为粗放。待使枝下高达到定干高度，适当修剪调整冠形。

适生地区: 我国东北、华北至长江流域。

观赏特性: 树形雄伟，冠大荫浓，叶形秀丽，秋叶变亮黄色或橙红色，是北方著名秋色树种。

园林应用: 宜植于草坪、广场等处作独赏树，或配植于庭院、别墅、小区作庭荫树，亦可作行道树及风景林树种，形成秋色景观大道。

033

北美红枫

学名: *Acer rubrum*

科属: 槭树科槭属

别名: 红花槭、秋红枫

形态特征: 落叶乔木。树冠卵型至圆形，树高可达27米，幼树树皮光滑，浅灰色。老树皮粗糙，深灰色，有鳞片或皱纹。叶对生，掌状3~5裂，边缘呈浅裂状。花为红色，先花后叶。果实为翅果，多呈微红色，成熟时变为棕色，长3~5厘米。花期3~4月，果期10月。北美红枫栽培品种众多，经我国试种证明，适应本地种植且红叶效果最好的改良品种有‘夕阳红’、‘十月光辉’、‘秋日烈焰’、‘秋焰槭’、‘太阳谷’、‘酒红’、‘夏日红’等。

生态习性: 喜光，喜温暖湿润气候，耐寒，耐涝，不甚耐旱，不耐盐碱，pH值大，叶易黄。对土壤适应性强，但以湿润多雨、土壤肥沃的地区生长最好。生长速度快，寿命达百年。

繁殖栽培: 原种采种播种繁殖，改良品种嫁接繁殖。移栽宜在秋冬季休眠期。养护管理较粗放，保持土壤湿润，过干过湿均不利生长。病虫害以天牛危害最为致命，夏季需作重点防治；其次需防叶螨类，否则秋季落叶早，几无秋色。

适生地区: 原产北美东部。我国东北、华北、西北、华东、华中、西南。

观赏特性: 树体端直清秀，树形整齐饱满，春季嫩叶鲜红色，秋季呈绚丽的红色或橘红色，可持续数周。春季先花后叶，红色的紧密花序亦较美观。国内许多种植者无法看到北美红枫的绚丽红叶，实际上是误把普通籽播苗认作为改良北美红枫之故，园林应用引种时只有保证品种纯正才能确保其秋色红艳，需特别引起注意。

园林应用: 北美红枫在我国适应范围广，苗木经济价值高，是新兴的极具潜力的园林景观树种。可片植用于公园、小区、广场、街道等，亦可做行道树或营造秋色风景林带。

034

元宝槭

学名: *Acer truncatum*

科属: 槭树科槭属

别名: 元宝枫、平基槭

形态特征: 落叶小乔木，高达10米，树冠卵圆形。单叶对生，掌状5裂。叶基通常截形，最下部两裂片有时向下开展。花小而黄绿色，成顶生聚伞花序。翅果扁平，翅较宽而略长于果核，形似元宝。4月花与叶同放，果期8月。

生态习性: 喜侧方庇阴，喜温凉气候，耐旱，忌水涝。对城市环境适应性较强，深根性，抗风力强，生长速度中等，寿命较长。

繁殖栽培: 播种繁殖为主。秋天翅果成熟即可采收，晒干后除去果皮，种子可随采随播，也可干藏越冬，翌年春播，播种育苗多在春季。

适生地区: 长江流域以北至我国黄河流域、东北、内蒙古。

观赏特性: 元宝槭树形优美，端直清秀，春季嫩叶鲜红色，秋叶变橙黄色或红色，变色早且持续时间长，春天淡黄色的花序也尚可观。

园林应用: 宜作庭荫树、行道树或公园、山地片植营造风景林。木材坚硬，纹理美，种子可榨油，供工业用。

漆树科 Anacardiaceae

035

黄栌

学名: *Cotinus coggygria*

科属: 漆树科黄栌属

别名: 红叶、黄栌柴

形态特征: 落叶灌木或乔木，高达8米，树冠圆形。单叶互生，卵圆形，无毛或仅下面脉上有短柔毛，长3~8厘米，宽2.5~6厘米，顶端常分叉。圆锥花序顶生，花杂性。果序长5~20厘米，核果小，肾形，红色。花期4~5月，果期7~9月。

生态习性: 喜光，在庇阴处秋色不佳，耐寒，耐干旱瘠薄和碱性土壤，但不耐水湿。以深厚、肥沃且排水良好之沙壤土生长最好。生长快，根系发达。萌蘖性强。对二氧化硫有较强抗性。

繁殖栽培: 以播种繁殖为主，压条、根插、分株也可。播种可在6~7月果实成熟后采种，经湿沙贮藏40~60天播种。幼苗抗寒力较差，入冬前需覆盖树叶和草秸防寒。也可在采种后沙藏越冬，翌年春季播种。

适生地区: 华北、西北南部、西南北部及华东北部。

观赏特性: 深秋叶片经霜变红时，色彩鲜艳、美丽壮观。其成熟果实颜色鲜红，艳丽夺目。此外，夏初不育花的花梗伸长如紫色羽毛状，簇生于枝梢，留存很久，形成似云似雾的景观，故又有“烟树”之称。

园林应用: 最宜山坡丘陵风景区内群植成林，表现群体红叶景观，北京“香山红叶”即为黄栌。亦可丛植于草坪、街头绿地、公园角隅、小区别墅等处装点秋色。

同属可开发利用的有:

毛黄栌*Cotinus coggygria* var. *pubescens*：叶多为阔椭圆形，稀圆形，叶背、尤其沿脉上和叶柄密被柔毛。

036

黄连木

学名: *Pistacia chinensis*

科属: 漆树科黄连木属

别名: 楷木、黄连茶

形态特征: 落叶乔木，高达25~30米，树皮裂成小方块状。偶数（罕为奇数）羽状复叶互生，小叶5~7对，披针形或卵状披针形，全缘，基歪斜。花单性异株，雌花成腋生圆锥花序，雄花成密总状花序。核果球形，径约6毫米，熟时红色或紫蓝色。花期3~4月，果期10月。

生态习性: 喜光，适应性强，耐干旱瘠薄，怕水涝。对二氧化硫和烟尘的抗性较强，深根性，抗风力强，生长较慢，寿命长。

繁殖栽培: 播种繁殖。种子采收后需湿沙藏。春季播种出苗后适当浇水施肥，中耕除草，之后养护管理较粗放。

适生地区: 我国黄河流域至华南、西南地区均有分布。

观赏特性: 黄连木树冠浑圆，枝密叶繁，早春嫩叶鲜红色，秋叶变为橙黄色或深红色，雌花序紫红色，能一直保持到深秋，也甚美观。

园林应用: 宜作庭荫树及山地风景树种，在园林中配植于草坪、坡地、山谷或于山石、庭阁之旁无不相宜。大面积片植可形成壮观的秋色叶林景观。木材坚硬致密，可作雕刻用材。种子可榨油。

037

盐肤木

学名: *Rhus chinensis*

科属: 漆树科盐肤木属

别名: 盐肤子、五倍子树

形态特征: 落叶小乔木，高可达6米。羽状复叶，叶轴有翅，小叶7~13片，卵状椭圆形，长5~12厘米，缘有粗齿，密生绒毛。花小，杂性，圆锥花序顶生，长达30厘米。核果扁球形，径约5毫米，红色。花期7~8月，果期10月。

生态习性: 喜光，对气候及土壤的适应性很强，生长较快。

繁殖栽培: 播种繁殖。养护管理粗放。

适生地区: 东北南部、黄河流域至华南、西南各地。

观赏特性: 春季新叶红色，入秋叶色鲜红，可为秋景增色。落叶后橙红色大型果序悬垂枝间，美观醒目。

园林应用: 可孤植或丛植于草坪、斜坡，或水边、亭廊旁配置，均甚适宜。枝叶上寄生的五倍子（虫瘿）可供提取单宁及药用，根也可药用。种子可榨油，极具开发价值。

•秋色叶

•春色叶

038

火炬树

学名: *Rhus typhina*

科属: 漆树科盐肤木属

别名: 鹿角漆

形态特征: 落叶小乔木，高达8米，分枝少，小枝密生长绒毛。小叶11~31片，长椭圆状披针形，长5~13厘米，缘有锯齿，叶轴无翅。雌雄异株，花淡绿色，有短柄，顶生圆锥花序，密生有毛。果红色，有毛，密集成圆锥状火炬形。花期6~7月，果期8~9月。

生态习性: 性强健，耐寒，耐旱，耐盐碱。根系发达，根萌蘖性强。寿命短，但自然根蘖更新非常容易。

繁殖栽培: 可播种、根插、根蘖繁殖。播前用碱水揉搓去其种皮外红色绒毛和种皮上的蜡质，然后用85℃热水浸烫5分钟，

捞出后混湿沙埋藏，置于20℃室内催芽，约20天露芽时即可播种。苗期生长期每月浇水1~2次，并适当施氮肥，促其生长，当年生苗高达80厘米。移栽宜深秋落叶后至翌春萌芽前。修剪时将冗杂枝、干枯枝、过密枝、下垂枝疏除即可。

适生地区: 原产北美。我国有引种栽培，分布在东北南部、华北、西北等省区。

观赏特性: 秋叶红艳，比黄栌更易于变红，果穗红色，大而显目，且宿存很久。

园林应用: 宜营造风景林观赏，亦可作荒山绿化及水土保持树种。少数人接触本树的枝叶会引起皮肤过敏，城市园林中慎用。

039

野漆

学名: *Toxicodendron succedaneum*

科属: 漆树科漆属

别名: 山漆树、漆木

形态特征: 落叶小乔木，高达10~12米，有时灌木状，全株各部无毛。奇数羽状复叶互生，常集生小枝顶端，长25~35厘米，小叶9~19片，对生或近对生，基歪斜，全缘，有光泽。圆锥花序腋生，花序长不超过复叶长之一半，花序梗光滑。核果干时有皱纹。花期5~6月，果期10月。

生态习性: 性喜光，喜温暖湿润气候，不耐寒，忌水湿。适应性强，耐干旱贫瘠的砾质土。

繁殖栽培: 播种繁殖为主。秋季果熟后采种沙藏至翌年的春季播种。种皮厚，发芽困难，故需碱水脱蜡，后湿沙藏催芽约15天后可播种。栽培以疏松肥沃、富含腐殖质的酸性壤土为宜，幼苗生长期注意保湿排涝，并施肥1~2次。后期养护管理粗放，一般不需修剪。

适生地区: 华北、华东、华中、华南、西南及台湾等地。

观赏特性: 秋季树叶转鲜红色，持叶期极为美观。

园林应用: 宜片植营造秋色风景林观赏，或配置于园林防护绿地、绿化隔离带。少数人接触木树的枝叶会引起皮肤过敏，城市园林中慎用。

同属可开发利用的有:

① 漆树*Toxicodendron vernicifluum*：小枝、叶轴、花序均被毛，花序与复叶近等长。

② 木蜡树*Toxicodendron sylvestre*：小枝、叶轴、花序均被柔毛，花序长不超过复叶长之一半。

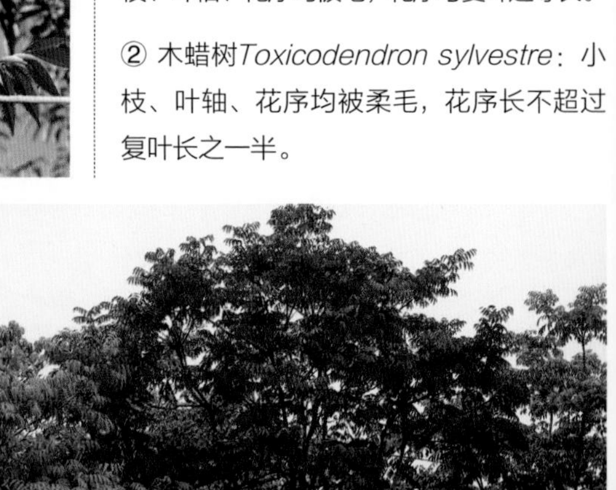

小檗科 Berberidaceae

040

南天竹

学名: *Nandina domestica*

科属: 小檗科南天竹属

别名: 天竺子、南竺子

形态特征: 常绿灌木，高达2米，丛生而少分枝。二至三回羽状复叶互生，小叶椭圆状披针形，长3~10厘米，全缘，两面无毛。花小，白色，成大型顶生圆锥花序。浆果球形，鲜红色。花期4~6月，果期5~11月。

生态习性: 喜光，但忌烈日暴晒，耐半阴，喜温暖湿润气候，耐寒性不强，喜肥沃湿润且排水良好的土壤，是石灰岩钙质土指示植物。

繁殖栽培: 繁殖以播种、分株为主，也可扦插。可于果实成熟时随采随播，也可沙藏春播。分株宜在春季萌芽前或秋季进行。扦插以新芽萌动前或夏季新梢停止生长时进行。生长期控制浇水保持土壤湿润，过干过湿易导致落花落果。花果期前每20天施用磷钾肥一次。修剪需适度，否则难以抽生新枝，会影响一年生枝条的开花结果。

适生地区: 长江流域及其以南地区庭园多栽培，北方常温室盆栽。

观赏特性: 株型清秀，叶色冬季变红，红叶期长，果序红艳，挂果期长，是赏叶观果佳品。

园林应用: 可片植林缘作色叶耐阴下木，亦可配置于亭廊、白墙、假山、庭院角隅，也常制作成盆景观赏。

同属常见栽培的品种有:

火焰南天竹*Nandina domestica* ‘Firepower’：我国20世纪90年代自欧洲引种。其小叶长椭圆形，与原种南天竹披针形叶有明显区别。秋天稍遇冷空气叶色便转为鲜红色，可持续到翌年初春，较南天竹变色更早，色彩更深，因其优良性状，现杭州、上海逐步大量应用。

桦木科 Betulaceae

041

白桦

学名: *Betula platyphylla*

科属: 桦木科桦木属

别名: 桦树，桦木

形态特征: 落叶乔木，高可达28米，树皮灰白色，成层剥裂。叶厚纸质，叶卵状三角形或卵状菱形，长3~9厘米，先端渐尖，有时呈短尾状，边缘略有重锯齿，叶柄长1~3厘米。果序单生，圆柱状。花期5~6月，果期9~10月。

生态习性: 喜光，不耐阴，喜冷凉湿润气候，耐严寒。对土壤适应性强，喜酸性土，沼泽地、干燥阳坡及湿润阴坡都能生长。深根性、耐瘠薄。天然更新良好，生长较快，萌芽强，寿命较短。

繁殖栽培: 播种繁殖或萌芽更新。移栽季节以秋季最佳，需带土球，浇水可结合灌施硫酸亚铁稀释液，连续三次透水灌溉后可逐渐减少硫酸亚铁稀释液的施用，并减少浇水频率，其后便可进入正常的养护管理。

适生地区: 我国东北、华北、西北和西南各地。

观赏特性: 树形舒展，姿态优美，尤其树干修直，洁白雅致，十分引人注目，秋季全树金黄色，持叶期长，是北方著名的风景观赏树种。

园林应用: 孤植、丛植于庭园、公园之草坪、池畔、湖滨或列植于道旁均颇美观。若在山地或丘陵坡地成片栽植，可组成美丽的风景林。

卫矛科 Celastraceae

042

火焰卫矛

学名: *Euonymus alatus* ‘Compacta’

科属: 卫矛科卫矛属

别名: 密冠火焰

形态特征: 落叶灌木，株高1.5~3米，枝条密生，角度开张。叶对生，椭圆形，长3~5厘米，宽2~3厘米，边缘有微锯齿，几无叶柄，叶片夏季为深绿色，秋季叶片鲜红似火焰。花期5~6月，果期10月。

生态习性: 喜光，耐半阴，喜温暖湿润气候，耐寒，耐干旱与土壤贫瘠。适应性强，耐修剪。

繁殖栽培: 自国外引种的新优色叶灌木，多地栽培中少量结籽，且萌芽率低，扦插繁殖的成活率也极低，不足10%。现多采用组培繁殖或嫁接繁殖。

适生地区: 我国黄河流域至长江流域，秋色表现良好。

观赏特性: 本种株型紧凑，常呈球状。其叶在秋季可变为鲜红色，其叶常在11月中下旬开始由绿变红直至艳丽的血红色，如无大风天气，其秋色叶观赏期可长达月余。

园林应用: 可配植于假山、景石、林缘，或群植于景区、庭院、草坪中，可修剪造型。

043

卫矛

学名: *Euonymus alatus*

科属: 卫矛科卫矛属

别名: 鬼箭羽

形态特征: 落叶灌木，高达3米，小枝具4条木栓质薄硬翅。叶椭圆形或倒卵形，长3~6厘米，缘有细齿，两面无毛，叶柄极短。花小，浅绿色，腋生聚伞花序。蒴果紫色，分离成4荚，或减为1~3荚，种子具橙红色假种皮。花期5~6月，果期7~10月。

生态习性: 适应性强，耐寒，耐阴。耐修剪，生长较慢。

繁殖栽培: 嫁接繁殖。园林用苗可以丝绵木作为砧木。

适生地区: 我国东北、华北、西北至长江流域各地。

观赏特性: 卫矛嫩叶和秋季叶均为紫红色，在阳光充足处鲜艳可爱。蒴果宿存很久，开裂露出红色假种皮，也颇美观。

园林应用: 宜群植于景区、庭院、草坪中观赏。枝上的木栓质翅可供药用，有活血破瘀功效。

044

肉花卫矛

学名: *Euonymus carnosus*

科属: 卫矛科卫矛属

形态特征: 半常绿乔木或灌木，高达10米。叶对生，呈长圆状椭圆形，长5~15厘米，宽3~9厘米。聚伞花序有花5~15朵，花黄绿色或黄白色，径达2厘米。蒴果近球形，黄色，具4棱，假种皮红色。花期5~6月，果期8~10月。

生态习性: 喜温暖湿润气候，耐半阴，较耐寒，不耐积水。性强健，适应性强，耐盐碱，对土壤要求不严。

繁殖栽培: 可播种、扦插繁殖。

适生地区: 华东、华中、华南、西南及华北、西北地区。

观赏特性: 本种树姿形态优美，秋季叶色深红并伴以下垂的果实，堪称观赏佳品。

园林应用: 可孤植、群植于草坪、庭院、林缘，也可做绿篱栽培。值得一提的是其在海岛、海滨海岸带也有自然分布，是极好的盐碱地造林树种。

045

白杜

学名: *Euonymus maackii*

科属: 卫矛科卫矛属

别名: 丝绵木

形态特征: 落叶小乔木，高达8米，树冠卵圆形，老树树皮深纵裂。叶对生，菱状椭圆形至卵状椭圆形，长4~8厘米，缘有细齿。腋生聚伞花序，花部4数。蒴果4深裂，径约1厘米，假种皮橘红色。花期5~6月，果期9~10月。栽培变种有垂枝丝绵木‘Pendulus’。

生态习性: 喜光，稍耐阴，适应性强，耐寒，耐干旱，也耐水湿。深根性，根萌蘖力强，生长较慢。

繁殖栽培: 以播种、扦插繁殖为主。在秋季采种，搓去假种皮，洗净晒干，层积贮藏，次年春播。扦插在春季3月进行，亦可在梅雨季节用嫩枝扦插。生长期适当注意水与氮肥供给，后期控水并增加磷钾肥促进木质化。病虫害需重点防治丝绵木金星尺蛾。

适生地区: 产于我国东北、华北至长江流域各地，西至甘肃、陕西、四川。

观赏特性: 树形整齐，枝叶秀丽，果实开裂露出红色假种皮，可悬挂枝头2月余，春季嫩叶红色，深秋叶色红艳，落叶极迟，是枝、叶、果俱美的优良树种。

园林应用: 可片植于草坪、林缘观赏秋色，亦可配植于湖岸、溪边、道路，也可用做防护林或工厂绿化树种。

连香树科 Cercidiphyllaceae

046

连香树

学名: *Cercidiphyllum japonicum*

科属: 连香树科连香树属

形态特征: 落叶乔木，高达30~40米，但栽培者常较小而多干。单叶对生，广卵圆形，长4~7厘米，5~7掌状脉，基部心形，缘有细钝齿。花单性异株，无花被，簇生叶腋。聚合蓇荚果，种子小而有翅。花期4~5月，果熟9~10月。

生态习性: 古老孑遗树种，国家二级保护植物。喜光，幼树耐阴性强，喜温凉气候及湿润而肥沃的土壤，适于成林生长，萌蘖性强。

繁殖栽培: 播种繁殖。9~10月果由青变黄时，应立即采收，否则果壳开裂，轻细的种子容易散失。因种子小，果实摊晾阴干后，连同果皮干藏。3月下旬将种子用30~40℃温水浸泡，2天后捞出，拌入细湿沙，置塑料小筛中，上盖湿毛巾，进行保温催芽。4月播种后，需稻草或无纺布覆盖保湿，20天发芽。

适生地区: 秦岭山区及长江流域，北京亦有栽培。

观赏特性: 树姿高大雄伟，叶形奇特，幼叶紫色，秋叶黄色、橙色、红色或紫红色，是优美的山林风景树及庭荫、观赏树种。

园林应用: 最宜片植于山地营造风景林带，亦可配植于庭院、公园、草坪林缘、常绿树背景前观赏。

山茱萸科 Cornaceae

047

四照花

学名: *Dendrobenthamia japonica* var. *chinensis*

科属: 山茱萸科四照花属

别名: 山荔枝

形态特征: 落叶小乔木，高达8米。单叶对生，厚纸质，卵状椭圆形，长5.5~12厘米，孤形侧脉4~5对，全缘。花小，成密集球形头状花序，外有花瓣状白色大形总苞片4枚。聚花果球形，肉质，熟时粉红色。花期5~6月，果期10月。

生态习性: 喜光，耐半阴，喜温暖凉爽的气候，适应性强，能耐一定程度的寒、旱、瘠薄，耐-15℃低温。适生于肥沃而排水良好的沙质土壤。

繁殖栽培: 园林用苗常用分蘖法及扦插法，育种可播种繁殖。分蘖于冬季落叶后至春季萌芽前进行，将树丛下的小植株分蘖，移栽定植即可。扦插可3~4月选取1~2年生枝条，插于纯沙或砂质土壤中，盖上遮阴网，保持湿度，50天左右可生根。

适生地区: 黄河流域以南至华南地区。

观赏特性: 本种树形圆整，初夏白色总苞覆盖满树，光彩耀目，秋叶变红色或红褐色，且红果满树，硕果累累，是美丽的园林观赏树种。在华北地区及长江流域的中、高海拔山地秋色表现效果良好，持叶期长，观叶期可达月余。

园林应用: 可孤植或丛植于草坪、路边、林缘、池畔。若与常绿树混植，至秋季叶片变红，分外妖娆。果味甜，生食或供酿酒。

柿树科 Ebenaceae

048

柿

学名： *Diospyros kaki*

科属： 柿树科柿属

别名： 朱果、猴枣

形态特征： 落叶乔木，高达15米，树皮鳞片状开裂。叶椭圆状卵形，长6~18厘米，宽3~9厘米，下面淡绿色。花雌雄异株或同株，雄花成短聚伞花序，雌花单生叶腋，花萼4深裂，果熟时增大，花冠白色，4裂。浆果卵圆形或扁球形，直径4~8厘米，橙黄色或鲜黄色，花萼宿存。花期5~6月，果期9~10月。

生态习性： 阳性树种，喜充足阳光及温暖环境，较耐寒。深根性树种，较能耐瘠薄，抗旱性强，不耐盐碱土。喜深厚、肥沃、湿润、排水良好的土壤，适生于中性土壤。

繁殖栽培： 主要用嫁接法繁殖。多数品种在嫁接后3~4年开始结果，10~12年达盛果期，实生树则5~7龄开始结果，结果年限在100年以上。

适生地区： 全国各地普遍栽培。

观赏特性： 柿树树形整齐，叶大荫浓，秋末霜叶染成红色，冬季落叶后，果实殷红不落，一树满挂累累红果，增添优美景色，是优良的风景树。

园林应用： 园林中宜配植于庭院、草坪林缘，亦可植于山坡、丘陵观赏其秋叶红果。

大戟科 Euphorbiaceae

049

重阳木

·秋色叶

学名： *Bischofia polycarpa*

科属： 大戟科秋枫属

别名： 茄冬树、红桐

形态特征： 落叶乔木，高达15米，胸径可达1米，树皮肉红褐色，纵裂。全株均无毛。三出复叶，顶生小叶通常较两侧的大，边缘具钝细锯齿。花雌雄异株，春季与叶同时开放，组成总状花序，雄花序长8~13厘米，雌花序长3~12厘米。果实浆果状，圆球形，成熟时褐红色。花期4~5月，果期10~11月。

生态习性： 喜光，喜温暖湿润气候，不甚耐寒，对土壤要求不严，耐干旱贫瘠，也耐水湿。根系发达，抗风力强，生长较快。

繁殖栽培： 播种繁殖。春、秋季均可。栽培以疏松肥沃的砂质壤土为宜，光照需充足。幼苗期不耐旱，注意浇水，并于每年生长期施肥1~2次。苗木移栽宜在冬季落叶后至早春萌芽前，应带大土球。

适生地区： 秦岭、淮河流域以南至华南地区。华北、华东秋色表现较好。

观赏特性： 本种树姿优美，冠如伞盖；春季叶色亮绿鲜嫩，秋叶转红，艳丽夺目。

园林应用： 良好的庭荫树、园景树、行道树，可用于堤岸、溪边、湖畔和草坪周围，亦可孤植、丛植或与常绿树种配置，秋日分外壮丽。

050

山乌桕

学名: *Sapium japonicum*

科属: 大戟科乌桕属

形态特征: 落叶小乔木；高6~12米。叶椭圆形至卵状长椭圆形，长3~10厘米，全缘，先端尖或钝，背面粉绿色，叶柄顶端有2腺体。花单性，雌雄同株，穗状花序顶生，长4~9厘米，雄蕊2枚，柱头3裂。蒴果黑色，种子被蜡层。花期4~6月，果期10~11月。

生态习性: 喜光，喜温暖湿润气候，耐寒性稍差于乌桕，耐水湿。喜肥沃深厚的土壤。

繁殖栽培: 播种繁殖。11月当果熟时即可采种，曝晒脱粒，取净干藏。春播需除去蜡质，可提高发芽率，约25~30天发芽，一年生苗木高可达40厘米。移栽在落叶后至萌芽前进行，苗期需注意雨季排涝、中耕除草、松土追肥等工作，之后养护管理渐趋粗放。

白木乌桕花序

白木乌桕果实

适生地区: 华中、华东、华南至西南。

观赏特性: 树冠整齐，叶形秀丽，秋季叶色红艳可爱，持叶期长，是优良的园林绿化及观赏树种。

园林应用: 最适在山区中、低海拔处营造风景林，秋色最佳，亦可植于草坪、林缘、亭廊建筑角隅装点秋色。目前园林中鲜见应用，极具开发价值。

同属可开发利用的有:

白木乌桕*Sapium japonicum*：又名白乳木，落叶小乔木，树干平滑，幼枝及叶含白乳汁。叶长卵形至长椭圆状倒卵形，长6~16厘米，全缘，背面绿色，近边缘有散生腺体。雄蕊3枚。种子无蜡层，可与山乌桕区别。主产于我国长江流域及其以南地区。秋叶红艳美丽，种子可榨油，根皮硬叶入药。

051

乌桕

学名: *Sapium sebiferum*

科属: 大戟科乌桕属

别名: 桕树、木油树、木梓树

形态特征: 落叶乔木，高达15米，小枝细。单叶互生，菱形广卵形，长5~9厘米，先端尾状长渐尖，全缘，叶柄端有2腺体。花单性，无花瓣，成顶生穗状花序，基部为雌花，上部为雄花。蒴果3瓣裂，径约1.3厘米，种子外被白蜡层。花期4~8月，果期10~12月。

生态习性: 喜光，喜温暖湿润气候及肥沃深厚土壤，耐水湿。主根发达，抗风力强，生长尚快，寿命较长。

繁殖栽培: 以播种为主。11月当果壳呈黑褐色时即可采种，曝晒脱粒，取净干藏。冬春均可播种。春播约25~30天发芽，一年生苗木高可达60厘米。移栽在落叶后至萌芽前进行，苗期需注意雨季排涝、中耕除草、松土追肥等工作，之后养护管理渐趋粗放。

适生地区: 秦岭、淮河流域及其以南，至华南、西南各地。

观赏特性: 树冠整齐，叶形秀丽，入秋叶色红艳，持叶期可达月余，绚丽诱人，是我国南方低山丘陵主要秋色树种。

•秋色叶

•秋色叶

园林应用: 适于配植池畔、江边、草坪中央或边缘，或混植林内，红绿相间，尤觉可爱。若片植于山地、丘陵、坡谷，秋时霜叶满山，灿烂若霞。在园林建筑角隅植以一二，衬以白墙，亦具特色。也可栽作庭荫树及行道树。

•春色叶

•秋色叶

壳斗科 Fagaceae

052

柳叶栎

学名： *Quercus phellos*

科属： 壳斗科栎属

别名： 柳叶橡树

形态特征： 落叶乔木，高达20米，树冠卵圆形。叶互生，全缘，长披针形至长卵形。柔荑花序与叶同时开放。果期卵圆形，苞片包被1/2处。花期4月，果期9~10月。

生态习性： 喜温暖潮湿的气候，喜光，不耐阴庇，耐水湿，适应性强，抗病虫害能力强，寿命长。不择土壤，黏土、砂质壤土均生长良好。

繁殖栽培： 播种或扦插繁殖。移植宜在秋冬季落叶后至早春萌芽前。定植后生长期注意保持土壤湿润，适当施肥1~2次，之后养护管理粗放。

适生地区： 原产美国东南部。我国华东地区有引种栽培。华中、华南、西南及华北南部适生。

观赏特性： 本种树形整齐，树冠饱满，尤其秋季叶色先变为黄色，而后变为红褐色，持叶期长，极为壮观，在我国值得推广应用。

园林应用： 可作庭荫树、行道树，亦可作园景树独植于草坪中央、建筑物旁，还可用于河道、水网、湖泊周边营造风景林。

银杏科 Ginkgoaceae

053

银杏

学名: *Ginkgo biloba*

科属: 银杏科银杏属

别名: 公孙树、白果

形态特征: 落叶乔木，高达40米。叶折扇形，先端常2裂，有长柄，在长枝上互生，短枝上簇生。雌雄异株，雌株的大枝常较雄株开展。种子核果状，具肉质外种皮。花期3~4月，种子9~10月成熟。

生态习性: 喜光，耐寒，适应性颇强，耐干旱，不耐水涝，对大气污染也有一定的抗性。深根性，生长较慢，寿命可达千年以上。

繁殖栽培: 可扦插、分株、播种繁殖。由于生长缓慢，园林上多用分株繁殖培育绿化苗木。银杏容易发生萌蘖，尤以10~20年的树木萌蘖最多。剔除根际周围的土，用刀将带须根的蘖条从母株上切下，另行栽植培育。移栽宜在秋季落叶后或早春萌芽前，需带土球，养护管理较粗放。

适生地区: 中国特产，为世界著名的古生树种，被称为“活化石”。我国北自沈阳，南至广州均有栽培。

观赏特性: 树干端直，树冠雄伟壮丽，秋叶鲜黄，颇为美观。

园林应用: 宜作庭荫树、行道树及风景树。可独植于草坪、广场，列植于道路、甬道体现磅礴秋色气势。用于作街道绿化时，应选择雄株，以免种实污染行人衣物。

金缕梅科 Hamamelidaceae

054

枫香树

学名： *Liquidambar formosana*

科属： 金缕梅科枫香树属

形态特征： 落叶乔木，高达30米，胸径最大可达1米，树皮灰褐色，方块状剥落。叶薄革质，阔卵形，掌状3裂，基部心形，边缘有锯齿。雄性短穗状花序常多个排成总状，雌性头状花序有花24~43朵。头状果序圆球形，木质，直径3~4厘米。花期4~5月，果期7~10月。近似种有缺萼枫香树*Liquidambar acalycina*，分布海拔更高，多生于600米以上的山地和常绿树混交。

生态习性： 喜光，喜温暖湿润气候，耐干旱贫瘠，不耐水湿，在疏松肥沃、排水顺畅的壤土上，树冠发育饱满。对二氧化硫、氯气等有毒气体抗性强，主根深，抗风力强，不耐移植。

繁殖栽培： 播种繁殖。冬播较春播发芽早而整齐，苗期注意保持土壤湿润与排水顺畅，适度施肥，注意除草。苗期生长慢，壮年后生长较快。

适生地区： 长江流域、珠江流域及黄河以南省区。华南地区需植于山区高海拔地区方显秋色。

观赏特性： 树干通直，树姿雄伟，秋叶橙红、橙黄、紫红，灿若红霞，持叶期可达月余，若山地群植则整体观赏期更长。

园林应用： 枫香树是我国南方低山丘陵地区营造秋色风景林的绝佳树种，如南京栖霞山、苏州天平山、长沙岳麓山均已成为赏红叶圣地。可于草坪、山坡、池畔孤植、丛植，或与常绿树配合种植，秋季红绿相衬，显得格外美丽，陆游即有“数树丹枫映苍桧”的诗句为证。若道路两侧列植可形成“红叶大道”景观，又因枫香具有较强的耐火性和对有毒气体的抗性，可用于厂矿区绿化。

055

北美枫香

学名: *Liquidambar styraciflua*

科属: 金缕梅科枫香树属

别名: 胶皮枫香树

形态特征: 落叶乔木，树冠卵圆形。叶5~7裂，互生，长10~18厘米，叶柄长6~10厘米。头状果序圆球形。花期4~5月，果期9~10月。

生态习性: 喜光，耐半阴，喜温暖湿润的气候，较耐寒，不耐水涝。喜疏松肥沃、排水顺畅的酸性至中性土壤。根深性，抗风力强，耐火烧，萌发力强。

繁殖栽培: 播种繁殖。种子需冷藏至翌年3月，播种前需催芽。生长期遇干旱需及时补水，雨季防涝排水。

适生地区: 原产美国东南部。我国长江流域至黄河流域适生。

观赏特性: 本种春、夏生长季叶色暗绿色，秋季叶色变为黄色、紫色或红色，是极佳的园林观赏树种。种在暖地，降温过程慢，落叶晚，持叶期短，观赏价值降低。

园林应用: 可片植于常绿树背景前，营造秋色林，宜山地、丘陵道路两侧作行道树，亦可植于草坪、建筑物旁作园景树。

056

‘红宝石之光’金缕梅

学名: *Hamamelis × intermedia* ‘Ruby Glow’

科属: 金缕梅科金缕梅属

形态特征: 落叶灌木，高达5米，小枝幼时密被星状绒毛。单叶互生，倒广卵形，长8~15厘米，基部歪心形，缘有波状齿，侧脉6~8对，背面有绒毛。花瓣4枚，狭长如带，长1.5~2厘米，橙红色，花簇生，于早春叶前开放。花期2~3月。

生态习性: 喜光，耐半阴，喜排水良好的壤质土，生长慢。

繁殖栽培: 扦插繁殖。硬枝扦插法，插穗需用生根剂处理。栽培宜疏松肥沃、排水顺畅的基质为宜。本种为国产金缕梅 *Hamamelis mollis* 与日本金缕梅 *Hamamelis japonica* 的杂交种，杂种优势较强，养护管理粗放。

适生地区: 我国长江流域至黄河流域。

观赏特性: 本种花美丽而花期早，是少有的冬季开花植物。秋叶鲜红色，极为赏心悦目。

园林应用: 宜配植于庭院、山石、角隅、草坪转角等处观赏，亦可用于花境。

七叶树科 Hippocastanaceae

057

七叶树

学名: *Aesculus chinensis*

科属: 七叶树科七叶树属

别名: 天师栗、梭罗果

形态特征: 落叶乔木，高达25米。掌状复叶对生，叶柄长6~10厘米，小叶5~7片，纸质，长倒披针形或矩圆形，长9~16厘米，宽3~5厘米，边缘具钝尖细锯齿。圆锥花序长可达25厘米，花杂性，白色，花瓣4枚。蒴果球形，直径3~4厘米。花期4~5月，果期9~10月。

生态习性: 喜光，稍耐阴，忌烈日曝晒，喜凉爽湿润气候，较耐寒，不耐干热气候，略耐水湿。喜肥沃湿润及排水良好的土壤。适生能力较弱，在瘠薄及积水地上生长不良，酷暑烈日下易遭日灼危害。生长速度中等，寿命长。

繁殖栽培: 播种繁殖为主。于9月下旬果熟时采收，阴干，去果壳，立即播种或沙藏在阴凉处，于次年2~3月春播。幼苗高温干旱期，需要遮阴、灌溉。七叶树种子易丧失发芽力，扦插难以生根成活，繁殖系数低，所以在育苗上要精细管理，在应用上更要遵循其生态习性。

适生地区: 秦岭地区至西南省区、华北、华东北部，以中海拔山区秋色最佳。

观赏特性: 树干端直，冠大荫浓，初夏繁花满树，硕大的白色花序蔚然可观，秋叶橙红至鲜红色。

园林应用: 良好的行道树、庭荫树与风景树，可孤植、群植作公园、广场、庭院绿化树种，或与常绿树混植。

樟科 Lauraceae

058

檫木

学名: *Sassafras tzumu*

科属: 樟科檫木属

别名: 檫树

形态特征: 落叶乔木，高可达35米，胸径达2.5米，树皮幼时平滑，老时呈不规则纵裂。叶互生，聚集于枝顶，二型，全缘或2~3浅裂，羽状脉或离基三出脉。总状花序顶生，先叶开放，花黄色，两性，杂性或单性异株。果近球形。花期3~4月，果期5~9月。

生态习性: 喜光，不耐蔽阴，喜温暖湿润气候，不甚耐寒。在土层深厚、疏松、排水良好的酸性壤土中生长良好，土壤瘠薄干燥的丘陵区生长不良。迎风的孤山、山顶以及低洼积水地不宜栽植。

繁殖栽培: 播种繁殖为主，也可分根繁殖。种子有休眠特性，发芽不整齐，播种前需经催芽处理。春季根部常有萌蘖，剪取栽培即可。生长速度较快，苗期适当施肥、灌溉。作园林苗木栽培时，注意培养树冠，每年注意修剪去根基萌蘖，以防影响树形。

适生地区: 长江流域以南省区，山区中、低海拔处秋色表现良好。

观赏特性: 树干挺拔，叶形奇特，特别是早春满树黄花，先叶开放，正值花事淡季，极为醒目，秋季叶色转橙黄色，需注意低山地带秋季变色不甚一致，观赏价值有限。

园林应用: 宜土层深厚的山地、丘陵营建秋色风景林，可配植于草坪、广场或常绿树背景前。

• 花期

• 秋色叶

木兰科 Magnoliaceae

059

鹅掌楸

学名: *Liriodendron chinense*

科属: 木兰科鹅掌楸属

别名: 马褂木

形态特征: 落叶乔木，高达40米，干皮灰白光滑。小枝具环状托叶痕。单叶互生，有长柄，叶端常截形，两侧各具一凹裂，全形如马褂。花黄绿色，杯状，花被片9枚，长2~4厘米，单生枝端，4~5月开花。聚合果由具翅小坚果组成，长4厘米。

生态习性: 喜温暖湿润气候及深厚肥沃的酸性土壤，在沟谷两旁或山坡中下部生长较好。喜光，耐寒性不强，忌积水，生长较快。对有害气体的抵抗性较强。

繁殖栽培: 播种繁殖。秋季采种精选后在湿沙中层积过冬，次年春季播种育苗，苗期遇高温干旱天气需遮阴、灌溉，要适当追肥1~2次。三年苗高1米以上即可出圃定植。移植宜在秋冬季，应保护根部。

适生地区: 我国长江以南各省区。

观赏特性: 树形雄伟，叶形独特，花大美丽，秋叶金黄色，极其美观，为珍贵稀有园林观赏树种。

园林应用: 宜丛植、列植或片植于草坪、公园入口处，或群植于山地、丘陵营造风景林，亦可作行道树、庭荫树。

同属常见栽培的有:

① 北美鹅掌楸*Liriodendron tulipifera*：生长势较鹅掌楸强，树体及花均较大，树皮深褐色，条纵裂，其叶片两侧各有2~3个裂片。原产北美东南部，生长于我国华东地区。

② 杂种鹅掌楸*Liriodendron chinense* × *tulipifera*：为以上两种的杂交种，叶形变异较大，花黄白色，杂种优势显著，耐寒性更强，在北京地区生长良好。

蓝果树科 Nyssaceae

060

蓝果树

学名: *Nyssa sinensis*

科属: 蓝果树科蓝果树属

别名: 紫树

形态特征: 落叶乔木，高达30米，树干分枝处具眼状纹。单叶互生，卵状椭圆形，长8~16厘米，全缘，基部楔形，先端渐尖或突渐尖。花小，单性异株，雄花序伞形，雌花序头状。核果椭球形，长1~1.5厘米，熟时深蓝色，后变紫褐色。花期4~5月，果期8~9月。

生态习性: 阳性，喜温暖湿润气候，耐干旱瘠薄，生长快。

繁殖栽培: 播种繁殖。果熟时采收后摊放后熟，将种子洗净阴干后冬播，或沙藏至翌年早春播种。春季移栽宜在芽苞未萌动时进行，秋季移栽宜在顶芽形成时或落叶后进行。

适生地区: 产于长江以南地区。喜光，喜温暖湿润气候及深厚、肥沃而排水良好的酸性土壤，耐干旱瘠薄，生长快。秋叶红色，颇艳丽，宜作庭荫树及行道树。

观赏特性: 干形挺直，叶茂荫浓，春季有紫红色嫩叶，秋日叶转绯红色，分外艳丽。

园林应用: 宜配植于山地、丘陵营造秋色林，或与常绿树混植，作为上层骨干树种，构成林丛，亦适于作庭荫树。

松科 Pinaceae

061

金钱松

学名: *Pseudolarix amabilis*

科属: 松科金钱松属

别名: 金松

形态特征: 落叶乔木，高可达40米，树冠圆锥形，有明显的长短枝。叶线形，扁平，柔软而鲜绿，在长枝上螺旋状排列，在短枝上轮状簇生。雄球花簇生。球果当年成熟，果鳞木质，熟时脱落。花期4月，球果10月成熟。

生态习性: 强阳性，喜温暖多雨气候及深厚、肥沃的酸性土壤，不耐严寒、积水与贫瘠。深根性。抗风力强，生长较慢。

繁殖栽培: 播种、扦插繁殖。采种应选20年以上生长旺盛的母树，在球果尚未充分成熟时要及早采收，一年苗高可达20厘米。扦插宜选择10年生以下幼树枝条扦插，成活率可达70%。

适生地区: 中国特产，长江流域及山东青岛等地适生。

观赏特性: 树体高大，树干通直，树姿优美，叶态秀丽，秋叶黄褐色，可持续月余，极为美观，为世界名贵庭园观赏树种之一。

园林应用: 宜独植于庭院、草坪、公园充分展现其观赏价值，可群植于边坡、山地营造秋色风景林带，亦可制作树桩盆景玩赏。

悬铃木科 Platanaceae

062

二球悬铃木

学名: *Platanus × acerifolia*

科属: 悬铃木科悬铃木属

别名: 英国梧桐

形态特征: 落叶大乔木，高30余米，树皮光滑，大片块状脱落。叶阔卵形，宽12~25厘米，长10~24厘米，上部掌状5裂，有时7裂或3裂，裂片全缘或有1~2个粗大锯齿，掌状脉3条。头状果序直径约2.5厘米，果序常2个生于总柄。花期4~5月，果熟9~10月。

生态习性: 为一球悬铃木与三球悬铃木的杂交种，杂种优势明显。喜光，不耐阴。喜温暖湿润气候。对土壤要求不严，耐干旱、瘠薄，亦耐湿。根系浅易风倒，萌芽力强，耐修剪。抗烟尘、硫化氢等有害气体。生长迅速、成荫快。

繁殖栽培: 扦插繁殖为主，播种繁殖悬铃木实生苗生长势不强，不耐寒，成苗率不高，生产上少用。移栽宜在秋冬季，每年需要适当抹芽去萌，保持树干通直。

适生地区: 华北、东北南部、西北、华东、华中等地。

观赏特性: 树体高大，树冠广展，叶大荫浓，树皮灰绿光滑，秋叶黄褐色，极为壮观。

园林应用: 最宜作庭荫树、行道树，号称“行道树之王”。在园林中孤植于草坪或旷地，列植于甬道两旁，尤为雄伟壮观，并能吸收有害气体，可作街坊、厂矿绿化。

同属常见栽培应用的有:

① 一球悬铃木*Platanus occidentalis*：又名美国梧桐，圆球形头状果序单生，稀为2个。

② 三球悬铃木*Platanus orientalis*：又名法国梧桐，圆球形头状果序3~5个，稀为2个。

蔷薇科 Rosaceae

063

日本晚樱

学名: *Prunus serrulata* var. *lannesiana*

科属: 蔷薇科李属

形态特征: 落叶乔木，高3~8米，树皮灰褐色或灰黑色，有唇形皮孔。叶片卵状椭圆形或倒卵椭圆形，边有渐尖单锯齿及重锯齿，齿尖有小腺体，叶柄先端有1~3枚圆形腺体。花序伞房总状或近伞形，有花2~3朵，花瓣白色，稀粉红色。核果球形或卵球形，紫黑色。花期4~5月，果期6~7月。

生态习性: 喜光，喜温暖湿润气候，浅根性树种，不甚耐旱，具一定的耐寒能力。栽培宜深厚肥沃且排水良好的土壤。

繁殖栽培: 扦插繁殖。春夏季节均可进行。插后遮阴，保湿，约20~30天可生根。当插条根系长到6~8厘米时及时移栽。过晚移栽，插条根系会变褐腐烂，叶片也逐渐变黄。

适生地区: 长江流域至黄河流域。

观赏特性: 本种作为观花灌木为人熟知，然而其秋色鲜红，在北方持叶期极长，园林应用中需注意发挥其秋色叶观赏价值。

园林应用: 宜植于庭园、公园、草坪、建筑物旁观赏。若配置于雪松等常绿树前，可充分发挥其春花秋叶的观赏价值。

• 秋色叶

• 秋色叶

芸香科 Rutaceae

064

黄檗

学名: *Phellodendron amurense*

科属: 芸香科黄檗属

别名: 黄柏、黄檗木

形态特征: 落叶乔木，高达15~22米，树皮木栓层发达，有弹性，纵深裂，内皮鲜黄色，味苦。羽状复叶对生，小叶5~13片，卵状披针形，缘有不显小齿及透明油点，撕裂后有臭味。花小，单性异株，顶生圆锥花序。核果黑色。花期5~6月，果期9~10月。

生态习性: 喜光，耐寒力强，喜湿润、肥沃且排水良好的土壤，耐水湿。深根性，抗风，萌芽力强，耐火烧，生长较慢。

繁殖栽培: 播种繁殖。北方一般在4~5月播种，保持土壤湿润，播种后约20天出苗。 育苗1年后即可移苗定植，定植时间从冬季落叶到新芽萌发前均可。

适生地区: 我国东北至华北。

观赏特性: 黄檗枝叶茂密，树形整齐，秋季叶色金黄，持叶期长，是极好的秋色叶树种。

园林应用: 北方可栽作庭荫树及行道树，亦可营造秋色风景林。树皮可入药，木材坚硬，耐水湿，抗腐力强，纹理美，是珍贵用材树种之一。

065

臭辣吴萸

学名: *Tetradium fargesii*

科属: 芸香科吴茱萸属

别名: 臭辣树、野吴萸、臭吴萸

形态特征: 落叶乔木，高可达17米，胸径达40厘米，树皮平滑，暗灰色。奇数羽状复叶对生，小叶5~9片，很少11片，叶缘波纹状或有细钝齿。聚伞状圆锥花序顶生，长6~10厘米，花单性异株。蓇葖果成熟时紫红色或淡红色。花期6~8月，果期8~10月。

生态习性: 喜光，稍耐阴，喜温暖湿润的气候，不甚耐寒。喜疏松肥沃、排水良好的酸性土壤，不耐干旱、贫瘠。

繁殖栽培: 用根插、枝插和分蘖繁殖，种子发芽率不高，繁殖很少采用。移植宜在秋冬季，须带土球。生长期需浇水防干旱，并适当施用磷、钾肥1~2次。

适生地区: 华东、华中、华南至西南省区，典型南方树种。

观赏特性: 本种树冠饱满，春季白花满树，秋季红果累累，加之秋叶艳红，甚是美丽。

园林应用: 可作庭荫树、行道树，适宜在坡地、丘陵低山片植营造秋色景观林，亦可丛植于草坪、庭院、建筑物前充分衬托其红果红叶的观赏价值。

无患子科 Sapindaceae

066

栾树

学名: *Koelreuteria paniculata*

科属: 无患子科栾树属

别名: 灯笼树、摇钱树、大夫树

形态特征: 落叶乔木，高达15米。一至二回羽状复叶互生，小叶卵形或卵状椭圆形，有不规则粗齿或羽状深裂。花金黄色，小而不整齐，顶生圆锥花序。蒴果三角状卵形，果皮膜质膨大。花期6~7月，果期9~10月。

生态习性: 喜光，耐寒，耐旱，也耐低湿和盐碱地。深根性，萌芽力强，抗烟尘。病虫害少。

繁殖栽培: 以播种繁殖为主。用70~80℃的热水浸种，慢慢搅拌使其受热均匀。3天后取出湿沙藏，种子露白超40%即可播种。苗期适当浇水，并施肥1~2次，注意雨季排水，夏季需适当遮阴，防烈日曝晒。

适生地区: 分布我国大部分省份，东北南部经中部至西南部的云南。

观赏特性: 本种观大荫浓，枝叶繁茂秀丽；夏季黄花满树，冬季串串黄果，悬挂枝头，秋叶黄色，以华北地区秋色表现最好。

园林应用: 为理想的观赏庭荫树及行道树种，也可作为水土保持及荒山造林树种。

同属常见栽培的有:

黄山栾树*Koelreuteria bipinnata* var. *Integrifoliola*：二回奇数羽状复叶互生，小叶全缘。

黄山栾树果实

黄山栾树果实

黄山栾树秋色叶

黄山栾树秋色叶

067

无患子

学名: *Sapindus saponaria*

科属: 无患子科无患子属

别名: 苦患树、木患子

形态特征: 落叶乔木，高达20~25米，树皮灰色，不裂。偶数（罕为奇数）羽状复叶互生，小叶8~14片，互生或近对生，全缘，基歪斜。顶生圆锥花序，花小而黄白色，花瓣5枚。核果肉质，球形，径约2厘米，熟时褐黄色。花期4~5月，果期7~12月。

生态习性: 喜光，稍耐阴，喜温暖湿润气候，耐寒性不强。在中性土壤及石灰岩山地生长良好，对二氧化硫抗性较强。深根性，抗风力强，萌芽力弱，不耐修剪，生长尚快，寿命长。

繁殖栽培: 以种子繁殖为主。秋季果熟时采收，及时去皮净种。因种壳坚硬，可用湿沙层积埋藏越冬春播。播种以点播为宜。种子发芽期重点防治地下害虫。移植宜在秋冬季至早春，须带土球。生长期保持土壤湿润及排水顺畅，及时去除根际萌蘖，保证树干通直。

适生地区: 我国长江流域及其以南地区。

观赏特性: 本种树形高大，树冠广展，绿荫稠密，秋叶变黄，满树黄金，持叶期月余，落叶后黄果累累，挂满枝头，是南方主要观色叶、观果树种之一。

园林应用: 可作庭荫树、园景树及行道树。可列植于道路、甬道形成秋色大道，或与枫香树、红叶李等搭配，形成红黄对比秋，亦可配置于庭院、草坪、常绿树背景前。

无患子与红枫配植

杉科 Taxodiaceae

068

水松

学名: *Glyptostrobus pensilis*

科属: 杉科水松属

别名: 稷木、水石松

形态特征: 落叶乔木，树冠呈卵形或倒卵形，一般高8~10米，罕达25米。生于低湿处者树干基部常膨大，并有呼吸根伸出土面，干皮松软，长片状剥落。小枝绿色，有两种：生芽之枝具鳞形叶，冬季不脱落，无芽之枝具针状叶，冬季与叶俱落。叶均螺旋状互生，但针状叶常成二列状。花期1~2月，球果10~11月成熟。

生态习性: 阳性树种，喜温暖湿润的气候和水湿环境。不耐低温和干旱。对土壤的适应性较强，除重盐碱土外，其他各种土壤都能生长，但最适生于中性或微酸性土壤。

繁殖栽培: 种子繁殖。当球果黄褐色时即可采收，收后将种子晒干，贮至翌年2~3月播种，约20天可发芽，保持苗床湿润，还要适当遮阴。水松1年生苗平均高40~60厘米。也可采用扦插法育苗。萌芽更新能力比较强，可按需要修剪树形。

适生地区: 中国特产，零星自然分布于华南和西南地区。适生长江流域以南省区。

观赏特性: 水松大枝平展，树姿优美，春叶鲜绿色，入秋后转为红褐色，持叶期近20天，并有奇特的藤状根，故有较高的观赏价值。

园林应用: 最宜片植作防风护堤及水边湿地绿化树种，也常植于园林水边观赏秋色。

069

水杉

学名: *Metasequoia glyptostroboides*

科属: 杉科水杉属

形态特征: 落叶乔木，树冠圆锥形，高可达40米，大枝不规则轮生，小枝对生。叶扁线形，长1~2厘米，柔软，淡绿色。对生，呈羽状排列，冬季与无芽小枝俱落。球果近球形，长1.8~2.5厘米，当年成熟，下垂，果鳞交互对生。花期2月下旬，球果11月成熟。

生态习性: 喜光，喜温暖气候，较耐寒，北京能露地生长。喜湿润、肥沃且排水良好的土壤，酸性、石灰性及轻盐碱土上均可生长，长期积水及过于干旱处生长不良。生长较快，寿命长，病虫害少。

繁殖栽培: 扦插繁殖。30年生以下的水杉种子多瘪粒，故多扦插繁殖。扦插繁殖时硬枝和嫩枝均可，春季硬枝扦插插穗取侧枝为宜，在树木发芽前进行扦插；嫩枝扦插在6~7月进行。扦插地要尽量保持湿润、通风。

适生地区: 北至北京、辽宁南部，南至华南地区均广为应用。

观赏特性: 水杉树干通直，树形挺拔，叶色翠绿，入秋后转棕红色至棕褐色，持叶期20余天，是著名的观赏树种。

园林应用: 可片植湖泊水际、低山丘陵营造风景林，亦可列植于道路两侧或植于庭院、公园观赏，为重要造林树种及四旁绿化树种。

070

落羽杉

学名: *Taxodium distichum*

科属: 杉科落羽杉属

形态特征: 落叶乔木，原产地高达50米，树冠圆锥形或伞状卵形；树干基部常膨大，具膝状呼吸根，树皮赤褐色，裂成长条片。大枝近水平开展，侧生短枝排成二列。叶扁线形，互生，羽状排列，淡绿色，冬季与小枝俱落。球果圆球形，径约2.5厘米，幼时紫色。花期4月，球果10月成熟。

生态习性: 强阳性树种，较耐寒，耐水湿，抗污染，抗台风，且病虫害少，生长快，适应性强。土壤以湿润而富含腐殖质者最佳。

繁殖栽培: 播种及扦插繁殖。定植后主要应防止中央领导干成为双干，在扦插苗中尤应注意，见有双主干者应剪掉弱干而保留强干。

适生地区: 原产北美东南部，多生于排水不良的沼泽地区。我国长江流域及其以南地区有栽培，生长良好。

观赏特性: 落羽杉树干通直，冠形雄伟秀丽，秋叶变为红褐色，秋季落叶较迟，持叶期近月余，是优美的庭园、道路绿化树种。

园林应用: 常栽种于平原地区及湖边、河岸、水网地区，可用于湿地营造水上森林，具良好的水土保持、涵养水源的功效。

071

池杉

学名: *Taxodium distichum* var. *imbricatum*

科属: 杉科落羽杉属

别名: 沼落羽松

形态特征: 落叶乔木，高达25米，树冠狭圆锥形，树干基部常膨大，具膝状呼吸根，树皮纵裂成长条片状脱落。大枝向上伸展，脱落性小枝常直立向上。叶钻形，螺旋状互生，贴近小枝，通常不为二列状。花期3~4月，球果10月成熟。

生态习性: 强阳性树种，较耐寒，耐水湿，抗污染，抗台风，且病虫害少，生长快，适应性强。土壤以湿润而富含腐殖质者最佳。

繁殖栽培: 播种及扦插繁殖。

适生地区: 原产北美东南部。我国长江流域及其以南地区有栽培，生长良好。

观赏特性: 树干通直，树形较狭窄，枝叶较稀疏，秋叶变为红褐色，持叶期月余。

园林应用: 宜片植于湖河岸、水网地区，孤植或丛植为园景树。

072

墨西哥落羽杉

学名: *Taxodium mucronatum*

科属: 杉科落羽杉属

别名: 尖叶落羽杉、墨西哥落羽松

形态特征: 半常绿或常绿乔木，在原产地高达50米，胸径可达4米。树干尖削度大，基部膨大，树皮裂成长条片脱落。枝条水平开展，形成宽圆锥形树冠，侧生小枝螺旋状散生，不呈二列。落叶在翌年1~2月，叶扁线形，长约1厘米，互生，紧密排成羽状二列。球果卵球形。原产地花期为秋季，引种我国后花期为春季，但不能结实，至今未采收到有生命力的种子。

生态习性: 喜光，喜温暖湿润气候，耐寒较差，耐水湿，耐干旱贫瘠与盐碱土壤。深根系生长，抗风力强，速度较快。适应能力强，抗烟尘与二氧化硫，病虫害少。

繁殖栽培: 可播种、扦插繁殖。目前育苗用种需进口。种子坚硬，需经过冬季80天以上的湿沙低温层积催芽，3~4月播种，一年生苗高60~100厘米。也可用嫩枝扦插繁殖，成活率高。苗期主要需防立枯病。需适度修剪，在扦插苗中尤应注意防止中央领导干成为双干，及时修剪弱干而保留强干，疏剪弱枝与徒长枝条。

适生地区: 原产于墨西哥及美国西南部。我国目前引种北限为南京，长江流域至华南广州等地生长良好。

观赏特性: 树干高大挺拔，冠形雄伟秀丽，深冬至翌年1~2月叶渐转为红褐色至古铜色。长江以南秋色一般。

园林应用: 可作庭院、道路、河道绿化树种和四旁成片造林树种，也是海滩涂地、盐碱地的特宜树种。最宜与水杉、落羽杉等混合群植于河流、湖泊、湿地营造壮观秋色。

榆科 Ulmaceae

073

珊瑚朴

学名： *Celtis julianae*

科属： 榆科朴属

别名： 棠壳子树

形态特征： 落叶乔木，高可达30米。一年枝密被黄色或黄锈色柔毛。叶厚，宽卵形至卵状椭圆形，长7~16厘米，中部以上边缘有钝齿，叶下面有长柔毛，脉明显凸起。花序红褐色，状如珊瑚。核果单生叶腋，卵球形，无毛，橙红色。花期3~4月，果期9~10月。

生态习性： 阳性树种，喜光，略耐阴。适应性强，耐寒，耐旱，耐水湿和土壤贫瘠。深根性，抗风力强，抗污染力强。生长速度中等，寿命长。

繁殖栽培： 播种繁殖。秋播或将苗木种子沙藏至翌年春播，生长迅速，1年生苗高可高达1米以上。小苗可裸根移植，大苗移植需带泥球。

适生地区： 陕西、甘肃及长江流域以南省区。

观赏特性： 本种树冠宽广，绿荫浓郁，入秋后则挂满橙黄色的果实，秋叶浅黄色，持叶期20余天。

园林应用： 可作庭荫树、行道树及园景树，也可用作厂矿、街坊绿化的绿化苗木。

074

榔榆

学名: *Ulmus parvifolia*

科属: 榆科榆属

别名: 小叶榆、脱皮榆

形态特征: 落叶乔木。叶革质，椭圆形或倒卵形，通常长2~5厘米，边缘具单锯齿，上面光滑无毛，下面幼时被毛。花秋季开放，常簇生于当年枝的叶腋。翅果长1~1.5厘米。花果期8~10月。

生态习性: 喜光，喜温暖湿润气候，耐干旱。适应性强，不择土壤。萌发力强，生长速度快，耐修剪。

繁殖栽培: 常播种繁殖。10~11月种子成熟，果翅呈黄褐色，应及时采收，摊开晒干，扬去杂物，袋装干藏，次年春季3月播种。

适生地区: 分布在华北、华东、中南及西南省区。

观赏特性: 榔榆树形优美，树皮斑驳，姿态潇洒，枝叶细密，秋冬季叶变为黄色或红色宿存至第二年新叶开放后脱落，持叶期长，在北方秋色效果较好。

园林应用: 宜庭院中孤植、丛植，或与亭榭、山石配植，亦可选作矿区、工厂绿化树种。常作盆景桩景。

075

榆树

学名: *Ulmus pumila*

科属: 榆科榆属

别名: 白榆、家榆

形态特征: 落叶乔木，高达20~25米，树皮纵裂，粗糙，小枝灰色细长，常排成二列鱼骨状。叶卵状长椭圆形，长2~8厘米，叶缘多为单锯齿，基部稍不对称。春季叶前开花。翅果近圆形，长1~2厘米。花果期3~6月。

生态习性: 喜光，适应性强，耐寒，耐旱，耐盐碱，不耐低湿。根系发达，抗风力强，耐修剪，生长尚快，寿命较长。抗有毒气体，能适应城市环境。

繁殖栽培: 主要采用播种繁殖，也可用分蘖、扦插法繁殖。播种宜随采随播。扦插繁殖成活率高，达85%左右，扦插苗生长快。管理粗放。

适生地区: 产于我国东北、华北、西北、华东及华中各地，是典型的北方树种。

观赏特性: 榆树树干通直，树形高大，绿荫较浓，秋季叶色金黄色，尤为可观，华北秋色表现较好。

园林应用: 作行道树、庭荫树、防护林及四旁绿化树种。在东北地区常呈灌木状作绿篱。老树桩可制作盆景。

076

榉树

学名： *Zelkova serrata*

科属： 榆科榉属

别名： 光叶榉

形态特征： 落叶乔木，树高达15米，树皮不裂，老干薄鳞片状剥落后仍光滑，1年生小枝红褐色，密被柔毛。叶互生，卵状椭圆形，长3~8厘米，锯齿整齐，近桃形。花单性，稀杂性，雌雄同株。坚果歪斜，有皱纹。花期4月，果期9~11月。

生态习性： 喜光，稍耐阴，喜温暖气候及肥沃湿润土壤。耐烟尘，抗病虫害能力较强。深根性，侧根广展，抗风力强，生长较慢，寿命较长。

繁殖栽培： 播种繁殖为主。春季播前浸种1~2日，晾干散播，播后适当覆盖少量细土。约20~30天出苗。苗期要保持土壤湿润，及时除草。移植一般在落叶后，须带土球，其苗根细长，要尽量少伤根。

适生地区： 黄河流域、长江流域至西南省区。

观赏特性： 榉树树形优美，姿态雄伟，冠似华盖，秋叶红褐色，极为美观。

园林应用： 可作庭荫树、行道树及观赏树，宜配植于庭院、广场或常绿树前作秋色叶树种观赏，亦是制作盆景的好材料。

葡萄科 Vitaceae

077

五叶地锦

学名: *Parthenocissus quinquefolia*

科属: 葡萄科地锦属

别名: 美国爬山虎、美国地锦

形态特征: 落叶木质藤本。卷须与叶对生，顶端吸盘大，卷须嫩时顶端细尖且微卷曲，嫩芽为红色或淡红色。掌状复叶，具5片小叶，小叶长椭圆形至倒长卵形，先端尖，基部楔形，缘具大齿牙，叶面暗绿色。聚伞花序集成圆锥状。浆果球形，蓝黑色，被白粉。花期6~7月，果期9~10月。

• 绿叶地锦秋色叶

• 绿叶地锦秋色叶

生态习性: 喜光，耐阴，喜温暖湿润气候。攀援能力比地锦弱，适应能力强，抗污染，对土壤要求不严。

繁殖栽培: 以扦插繁殖为主。由于节上生根，繁殖较容易。可嫩枝扦插，亦可硬枝扦插。插后注意保持土壤湿润，适当遮阴，约20天成活。养护管理较粗放。

适生地区: 原产于美国东部。我国辽宁南部至华南地区均可栽培。

观赏特性: 本种生长快速，枝叶茂密，是极好的垂直绿化材料，秋季霜后叶色橙黄色至艳红色，布满墙面，极为美观。

园林应用: 最宜攀援墙壁、山石、棚架、立柱等处，亦可作边坡地被使用。

同属可开发利用的有:

绿叶地锦*Parthenocissus laetevirens*：又名绿叶爬山虎，与五叶地锦的区别在于卷须嫩时顶端膨大成块状。嫩芽绿色或绿褐色。原产长江中下游一带，常生于山坡灌丛中。秋季叶色橙红色至深红色。

078

地锦

学名: *Parthenocissus tricuspidata*

科属: 葡萄科地锦属

别名: 爬山虎

形态特征: 落叶藤木，长达15~20米，借卷须分枝端的黏性吸盘攀援。单叶互生，广卵形，通常3裂，基部心形，缘有粗齿，幼苗或营养枝上的叶常全裂成3小叶。聚伞花序常生于短小枝上。浆果球形，蓝黑色。朝鲜、日本也有分布。

生态习性: 喜阴湿，攀援能力强，适应能力强，抗污染，对土壤要求不严。

繁殖栽培: 以扦插繁殖为主。由于节上生根，繁殖较容易。可嫩枝扦插，亦可硬枝扦插。插后注意保持土壤湿润，适当遮阴，约20天成活。养护管理较粗放。

适生地区: 我国东北南部至华南、西南地区广布。

观赏特性: 入秋叶变红色或橙黄色，颇为美丽。

园林应用: 最宜攀援墙壁、山石、棚架、老树干、立柱等处，亦可作边坡地被使用。

常色叶树种

槭树科 Aceraceae

079

紫红鸡爪槭

学名: *Acer palmatum* ‘Atropurpureum’

科属: 槭树科槭属

别名: 红枫、红叶鸡爪槭

形态特征: 落叶小乔木，高1.5~3米。叶对生，掌状5~9深裂，常年红色或紫红色，枝条也常紫红色。花期4~5月，果期9月。

生态习性: 弱阳性树种，耐半阴，忌烈日曝晒。喜温暖湿润气候，耐寒性不强，较耐旱，不耐水涝。适生于肥沃深厚、排水良好的微酸性或中性土壤。

繁殖栽培: 嫁接繁殖。用鸡爪槭实生苗为砧木，枝接在春季进行，嫩枝接在梅雨期进行，砧木与接穗均选取当年生半木质化的枝条，采用高枝多头接法，可促使早日形成圆整树冠。移植在落叶后至萌动前进行，需带宿土，定植后，春夏宜施2~3次速效肥，夏季保持土壤适当湿润，入秋后土壤以偏干为宜。

适生地区: 长江流域及秦岭、淮河以南地区。北京背风向阳处可栽培，怕风干抽条。

观赏特性: 著名彩叶树种，树姿飘逸、枝叶清秀，常独植或三五丛植点景，春季新叶鲜红色，夏季略转暗红色，秋季叶紫红色，极为美观雅致。

园林应用: 宜植于草坪、溪边、池畔、路隅、墙边或亭廊、山石间点缀点景，亦可制成盆景或盆栽，也极雅致。

同属常见栽培的品种有:

① 金叶鸡爪槭*Acer palmatum*‘Aureum’：叶掌状5~7深裂，常年金黄色，观赏价值突出。

② ‘橙之梦’鸡爪槭*Acer palmatum*‘Orange Dream’：叶掌状5~7深裂，新叶橙黄色，后转金黄色。

·'橙之梦'鸡爪槭

·金叶鸡爪槭

·'橙之梦'鸡爪槭

·'橙之梦'鸡爪槭新叶橙黄色

·金叶鸡爪槭

080

红羽毛枫

学名： *Acer palmatum* 'Dissectum Ornattun'

科属： 槭树科槭属

别名： 红细叶鸡爪槭

形态特征： 落叶灌木，高1~2米。叶对生，掌状5~9深裂达基部，裂片狭长且又羽状细裂，叶常年古铜色或古铜红色。花期4~5月，果期9月。

生态习性： 弱阳性树种，耐半阴，忌烈日曝晒。喜温暖湿润气候，耐寒性不强，较耐旱，不耐水涝。适生于肥沃深厚、排水良好的微酸性或中性土壤。

繁殖栽培： 嫁接繁殖。

适生地区： 长江流域各省区。

观赏特性： 本种树姿飘逸、枝叶清秀，常独植或三五丛植点景，春季新叶鲜红色，夏季略转暗红色，秋季叶紫红色，极为美观雅致。

园林应用： 宜群植于草坪、溪边、池畔，或墙边、亭廊、山石旁配植点景。

同属栽培品种有：

黑叶羽毛枫 *Acer palmatum* 'Dissectum Nigrum'：叶色暗紫黑色。

• 黑叶羽毛枫

冬青科 Aquifoliaceae

081

‘金宝石’齿叶冬青

学名: *Ilex crenata* ‘Golden Gem’

科属: 冬青科冬青属

别名: 金叶龟甲冬青（商品名）

形态特征: 常绿灌木，多分枝。叶小而密生，金黄色，椭圆形至倒长卵形，缘有浅钝齿，厚革质，表面深绿有光泽，背面浅绿色有腺点。花小，白色，雌花单生。果球形，熟时黑色。花期5~6月，果期10月。

生态习性: 喜温暖湿润和阳光充足的环境，生长速度中等，萌芽分枝能力强，耐修剪，成型快，抗病虫害能力强。

繁殖栽培: 扦插繁殖。

适生地区: 引自日本，长江流域以南省区适生。

观赏特性: 本种株型低矮紧凑，新叶片金黄色，渐转黄绿色，老叶片浓绿具光泽，色彩鲜艳悦目，若通过适度修剪，则金叶效果更佳。过于阴庇处叶色转绿，影响观赏价值。

园林应用: 可作道路、公园、庭院色块绿篱，亦可修剪成球形灌木或用于花境中。

漆树科 Anacardiaceae

082

紫叶黄栌

学名: *Cotinus coggygria* var. *purpurens*

科属: 漆树科黄栌属

别名: 红栌

形态特征: 落叶灌木或小乔木，株高5米，树冠近圆形，小枝赤褐色。叶片互生，紫色，带有紫红色反光，卵形或倒卵形，叶背无毛，全缘，长约7厘米，圆锥花序顶生，紫红色。花期4~5月，果期7~9月。

生态习性: 喜光，耐寒，耐干旱瘠薄和碱性土壤，但不耐水湿。以深厚、肥沃且排水良好的沙壤土生长最好。生长快，根系发达。萌蘖性强。对二氧化硫有较强抗性。

繁殖栽培: 由芽变育种而来，可嫁接、分蘖、根插或嫩枝扦插繁殖，但为了保持品种的优良性状，最好选择嫁接法。

适生地区: 华北、西北南部、西南北部及华东北部。

观赏特性: 本种春季新叶紫红色，夏季渐变暗红色，秋季叶片经霜变更红，色彩更鲜艳。

园林应用: 最宜丛植于草坪、街头绿地、公园角隅、小区别墅等处。

同属常见栽培的品种有:

金叶黄栌 *Cotinus coggygria* ‘Golden Spirit’: 生长季叶金黄色，落叶期棕黄色。

•金叶黄栌

•金叶黄栌

菊科 Asteraceae

083

芙蓉菊

学名: *Crossostephium chinense*

科属: 菊科芙蓉菊属

别名: 玉芙蓉、千年艾、蕲艾

形态特征: 常绿半灌木，高20~80厘米。叶互生，紧聚枝顶，矩匙形或矩倒卵形，长2~3厘米，宽5~8厘米，两面密被灰白色短柔毛，顶端3~5齿裂或分裂，无锯齿。头状花序盘状，生枝端叶腋，多数头状花序在枝端排成总状。花果期全年。

生态习性: 性喜阳光充足的环境及温暖湿润的气候，不耐寒，不耐阴，忌积水，耐干旱。喜疏松肥沃、排水顺畅的砂质壤土，耐盐碱贫瘠。

繁殖栽培: 繁殖可采用压条、扦插法。压条在3~4月进行，在枝条成熟部位环剥，2~3天后用泥浆包裹伤口，外包塑料纸，待新根生出后，可剪断枝条，脱离母株，单独栽培。扦插法以春、秋季为适期。管理较粗放，只有当植株老化开花时，才需及时修剪，去除花蕾，以保持球面状银白色的株型。

适生地区: 华东南部、华南、西南省区。

观赏特性: 本种株形紧凑，叶全年银白色至绿白色，是难得的白叶植物。

园林应用: 可片植作绿篱状，呈现白色调，可用于庭院花境、公园草坪、红墙角隅，常作盆景树种。

小檗科 Berberidaceae

084

紫叶小檗

学名: *Berberis thunbergii* ‘Atropurpurea’

科属: 小檗科小檗属

别名: 红叶小檗

形态特征: 落叶灌木，高1~2米。叶深紫色或红色，幼枝紫红色，老枝灰褐色或紫褐色，具刺。叶全缘，菱形或倒卵形，在短枝上簇生。花单生或2~5朵成短总状花序，黄色，下垂，花瓣边缘有红色纹晕。浆果红色，宿存。花期4月，果熟期8~10月。

生态习性: 喜光，耐半阴，喜凉爽湿润环境，耐寒也耐旱，不耐水涝。萌蘖性强，耐修剪。对各种土壤都能适应，在肥沃深厚、排水良好的土壤中生长更佳。

繁殖栽培: 主要用扦插、分株繁殖。移栽宜在春季。生长期注意排水防涝，适当施肥。每年入冬至早春前，需要对植株进行适当的修整，修剪过密枝、病虫枝、徒长枝和过弱的枝条。

适生地区: 黄河流域至长江流域。

观赏特性: 本种春开黄花，秋缀红果，全年叶色紫红，是叶、花、果俱美的观赏花木。

园林应用: 适宜在园林中作色块绿篱，可在园路角隅丛植或剪成球形灌木，或点缀在岩石间、池畔，也可制作盆景树种。

同属常见栽培应用的有:

金叶小檗*Berberis thunbergii* ‘Aurea’：叶金黄色。常见的金黄色色带绿篱树种，运用极广泛。

• 金叶小檗

• 金叶小檗

• 金叶小檗

紫葳科 Bignoniaceae

085

金叶美国梓树

学名: *Catalpa bignonioides* 'Aurea'

科属: 紫葳科梓属

别名: 金叶梓树

形态特征: 为美国梓树*Catalpa bignonioides*的园艺品种。落叶乔木，株高达15米，树冠宽大。叶对生或轮生，广卵形，基部心形，长25厘米，叶为金黄色。圆锥花序顶生，长20~30厘米，花冠白色，内具2条黄色条纹及紫褐色斑点。蒴果细条形，长40厘米。花期5~6月。

生态习性: 喜光及温暖湿润气候，能耐寒、耐旱，喜肥沃深厚的土壤，对烟尘、二氧化硫及氯气等抗性较强。

繁殖栽培: 嫁接繁殖为主。其实生苗只能做砧木，秋播或经沙藏后春播。可地栽、盆栽等，并可修剪为自然开心形、杯形、圆形、桩景式等，以夏剪与冬剪相结合。

适生地区: 原产于美国东南部。我国长江流域、黄河流域及东北地区有引种栽培。

观赏特性: 本种树冠深广，花序硕大，生长期叶色金黄色，是难得的彩叶乔木。

园林应用: 可作为庭荫树和行道树，亦可与其他树种搭配营造彩叶林。

忍冬科 Caprifoliaceae

086

金叶亮叶忍冬

学名: *Lonicera nitida* ‘Baggesen’s Gold’

科属: 忍冬科忍冬属

别名: 金叶亮绿忍冬

形态特征: 常绿小灌木，高20~40厘米，小枝细长，横展生长。叶对生，金黄色，细小，卵形，革质，全缘。花腋生，并列着生两朵花，花冠管状，淡黄色，清香，浆果蓝紫色。

生态习性: 喜阳光充足的环境。耐寒力强，也耐高温。萌芽力强，耐修剪。不择土壤。

繁殖栽培: 扦插繁殖。生长势强，养护简便。

适生地区: 我国黄河流域及长江流域以南省区。

观赏特性: 本种枝叶茂密，叶色四季金黄色，过于阴庇则叶色转绿，观赏价值下降。

园林应用: 可片植于林缘、路旁做色块绿篱，可点缀庭院、公园或配植于花境边缘。

087

金叶西洋接骨木

学名: *Sambucus nigra* 'Aurea'

科属: 忍冬科接骨木属

别名: 金叶接骨木

形态特征: 落叶灌木。奇数羽状复叶，小叶7~9枚，卵状椭圆形至披针形，缘有锯齿，叶金黄色。圆锥状聚伞花序顶生，径可达20厘米，花小而多，白色至淡黄色。核果近球形，黑色。花期4~5月。

生态习性: 喜光、耐阴、耐寒、耐旱、忌水涝，适应性强，喜疏松肥沃、湿润的土壤。

繁殖栽培: 分株或扦插繁殖。生性强健，易栽培。

适生地区: 原种产欧洲、北非及西亚。我国黄河流域、长江流域适生。

观赏特性: 本种枝叶茂密，初夏白花满树，生长期金黄色，极为美观。

园林应用: 可布置花境中景、背景，宜植于草坪、林缘或水边。

同属常见栽培的品种有:

‘黑色蕾丝’西洋接骨木*Sambucus nigra*‘Black Lace’：新叶暗绿色，后叶慢慢变成近黑色，整个生长季叶片呈现黑色调。

‘黑色蕾丝’西洋接骨木

‘黑色蕾丝’西洋接骨木

088

金叶总状接骨木

学名: *Sambucus racemosa* 'Plumosa Aurea'

科属: 忍冬科接骨木属

别名: 金叶裂叶接骨木

形态特征: 落叶灌木。奇数羽状复叶，小叶5~7枚，羽状深裂，叶缘金色至浅黄色。总状花序顶生，径可达20厘米，花小而多。核果近球形，红色。花期4~5月。

生态习性: 喜阳光充足的环境，抗寒性强，忌水涝。栽培宜富含腐殖质、排水良好的土壤。

繁殖栽培: 分株或扦插繁殖。生性强健，易栽培。

适生地区: 我国黄河流域、长江流域适生。

观赏特性: 本种生长期叶色金黄色，羽毛状深裂，果熟鲜红色，金叶红果，极为醒目。

园林应用: 宜配植于水边、林缘和草坪边缘栽植，或配置花境观赏。

089

金叶匍枝毛核木

学名: *Symphoricarpos* × *chenaultii* 'Brain de Soleil'

科属: 忍冬科毛核木属

别名: 金叶查纳尔特毛核木

形态特征: 落叶灌木，株高约1米，小枝纤细，匍匐，有毛。叶全缘，对生，长3厘米，卵圆形，叶金黄色。果卵圆形，粉红色。花期6~8月。

生态习性: 喜光，喜凉爽湿润的环境，耐寒，不耐闷热。不择土壤，但喜石灰质壤土。分蘖多，生长蔓延快。

繁殖栽培: 扦插或压条繁殖。当年生枝条可开花，故春天修剪枯枝，不影响当年开花结果。

适生地区: 原种产美国东海岸。我国长江流域、黄河流域及东北南部适生。

观赏特性: 本种叶色金黄色，冬日红果累累，是观叶观果的优良花木。

园林应用: 可配植于山石、草坪、建筑角隅，亦可盆栽观赏。

山茱萸科 Cornaceae

090

金叶红瑞木

学名: *Cornus alba* 'Aurea'

科属: 山茱萸科山茱萸属

形态特征: 落叶灌木，高2~3米。枝条密集，落叶后至春季新叶萌发前，枝干呈鲜红色。单叶对生，椭圆形，全缘，春至夏叶片呈金黄色，入秋后叶片转为鲜红色。伞房状聚伞花序顶生，花小，黄白色。核果球形，白色稍带蓝色。花期5~6月，果期8~9月。

生态习性: 喜凉爽及半阴的环境，耐寒，耐旱，耐水湿。

繁殖栽培: 以扦插繁殖为主，也可压条。移植后重剪，栽后初期应勤浇水，以后每年早春萌芽前适当修剪以促使新枝萌发。

适生地区: 我国东北、华北、西北、华东等地。

观赏特性: 本种树冠开展，枝条入冬后成鲜红色，生长期叶色金黄，秋叶红艳，小果洁白，是少有的冬季观茎树种。

园林应用: 多丛植于草坪中、水边、建筑物前或常绿树间，也可栽植为绿篱。

柏科 Cupressaceae

091

蓝冰柏

学名： *Cupressus glabra* ‘Blue Ice’

科属： 柏科柏木属

别名： 蓝柏

形态特征： 为园艺栽培品种。常绿乔木，树冠狭圆锥形，高可达12米，树皮呈灰色薄片状脱落，脱落处樱桃红色或光滑。枝条紧凑且整洁，鳞叶蓝绿色至霜蓝色。球果绿褐色，圆球形，熟时茶褐色。

生态习性： 喜光，在阴庇处株型会弯曲倒伏。喜冷凉湿润气候，极度耐寒，适宜温度-25~35℃，亦耐高温，但夏季过于湿热处下部枝叶会枯萎。抗性强，对土壤要求不严，耐干旱与盐碱。

繁殖栽培： 扦插繁殖。扦插在8月，于背风向阳、地势平坦、不易积水处作为苗床，选取4~5年生母树上的枝条，长度10~15厘米为宜。插后注意保湿遮阴。

适生地区： 原产美国西南部，长江流域以北省区适生，南方地区生长不良。

观赏特性： 本种植株优美，枝条紧凑，全树呈现迷人的霜蓝色冷色调，给人静谧安详之感，被誉为蓝色系彩叶树种之冠。

园林应用： 可孤植、丛植于公园、庭院，或配植于花境，也用作隔离树墙、绿化背景或基础种植。

092

金冠柏

学名: *Cupressus macrocarpa* ‘Glodcrest’

科属: 柏科柏木属

别名: 香冠柏

形态特征: 常绿灌木或小乔木，高4~6米，树冠呈宝塔形，分枝性强，树皮红褐色。枝叶有特殊香气，叶色随季节变化，冬季金黄色、春秋淡黄色、夏季呈淡绿色。

生态习性: 喜光照充足及冷凉气候，较耐高温，不耐潮湿闷热。栽培宜排水良好的土壤，但较耐干旱、贫瘠。

繁殖栽培: 扦插繁殖。在高温季节生长缓慢，所以春秋应加强肥水管理。

适生地区: 原产美国西南部，长江流域以北省区适生，南方地区生长不良。

观赏特性: 本种树形优美，叶色多变，枝叶紧密，芳香，是一种优良的彩叶观赏品种。

园林应用: 可片植作彩篱，或搭配作色块，亦可配植于花境。

093

洒金千头柏

学名: *Platycladus orientalis* ‘Sieboldii’

科属: 柏科侧柏属

形态特征: 侧柏的园艺品种。常绿灌木，高约1米，枝丛生密集，无明显主干，构成球形树冠，幼枝扁平，排成平面而斜展。叶鳞状，交互对生，金黄色。3~4月开花，球花均单生短枝顶。球果当年10月成熟。

生态习性: 喜温暖湿润及阳光充足的环境，稍耐阴庇与寒冷，耐干旱贫瘠能力强，不择土壤。萌发力强，耐修剪。对肥力要求较严格，少肥易提早衰老散枝，失去观赏价值。

繁殖栽培: 多采用扦插繁殖。扦插分休眠枝扦插与半木质化枝扦插两种。休眠枝扦插在3月中下旬进行，插后搭棚庇阴。半木质化枝扦插6~7月进行，需搭双层阴棚，插穗选健壮的幼龄母树上当年抽生的半木质化枝条，剪去下部叶片，插后充分浇水，经常保持空气和土壤湿润，培育的小苗于翌年3月分栽。作绿篱栽培时需注意肥料供给。

适生地区: 黄河流域至长江流域。

观赏特性: 本种树冠圆浑丰满，叶色金黄色，尤其是冬、春两季，颜色鲜艳，冬季橙黄色，春季至初夏鲜黄色。

园林应用: 适于门庭两侧、纪念性建筑周围、路口对植，亦可孤植或丛植于花坛、交通环岛中心。目前多数都用作彩篱材料，双行列植成篱，颇为别致。

大戟科 Euphorbiaceae

094

紫锦木

学名: *Euphorbia cotinifolia* subsp. *cotinoides*

科属: 大戟科大戟属

别名: 肖黄栌

形态特征: 常绿乔木，高13~15米，我国栽培多呈灌木状，高2~4米，多分枝，小枝及叶片两面均为红褐色或紫红色。叶对生或3枚轮生，圆卵形，长2~6厘米，宽2~4厘米，全缘，叶柄长2~9厘米。雄花多数，雌花柄伸出总苞外。蒴果三棱状卵形。花果期6~10月。

生态习性: 喜光，喜高温多湿的热带气候，极不耐寒，冬季越冬温度不低于10℃，不甚耐旱，忌积水。栽培宜疏松肥沃、排水顺畅的砂质壤土。

繁殖栽培: 常用扦插、播种繁殖。生长期保持土壤湿润即可，秋冬季气温降低，需严格控制浇水，盆土过湿易引起落叶。越冬季节叶色易变淡或枯黄脱落，应结合春季换盆进行整形修剪，去除枯枝，压低株形，促其多分枝。若植株过高，可适当进行摘心，保持植株丰满、美观。

适生地区: 原产西印度群岛和热带非洲。我国华南及福建、台湾有引种栽培。北方需盆栽温室越冬。

观赏特性: 本种是美丽的常年观红叶树种，阴庇处红叶效果会变差。

园林应用: 适宜配植于草坪、庭院、白墙、常绿树背景前。

银杏科 Ginkgoaceae

095

金叶银杏

学名: *Ginkgo biloba* 'Aurea'

科属: 银杏科银杏属

别名: 金叶公孙树

形态特征: 落叶乔木，高达40米。叶折扇形，生长期金黄色，先端常2裂，有长柄，在长枝上互生，短枝上簇生。雌雄异株，雌株的大枝常较雄株开展。种子核果状，具肉质外种皮。花期3~4月，种子9~10月成熟。同属栽培品种有斑叶银杏 *Ginkgo biloba* 'Variegata'，叶具大小不一发散的金斑。

生态习性: 喜光，耐寒，适应性颇强，耐干旱，不耐水涝，对大气污染也有一定的抗性，深根性。

繁殖栽培: 可嫁接繁殖。以银杏作砧木。移栽宜在秋季落叶后早春萌芽前，需带土球，养护管理较粗放。

适生地区: 我国黄河流域、长江流域至东北南部。

观赏特性: 本种树干端直，树冠雄伟壮丽，春夏秋三季叶色金黄，颇为美观，是难得的彩叶大乔木。

园林应用: 宜作庭荫树、行道树及风景树。可独植于草坪、广场，列植于道路、甬道体现磅礴秋色的气势。

金缕梅科 Hamamelidaceae

096

红花檵木

学名: *Loropetalum chinense* var. *rubrum*

科属: 金缕梅科檵木属

别名: 红继木、红檵花

形态特征: 为檵木的变种。常绿灌木或小乔木。树皮暗灰或浅灰褐色，多分枝。嫩枝红褐色，密被星状毛。叶革质互生，卵圆形或椭圆形，长2~5厘米，全缘，暗红色。花3~8朵簇生在总梗上呈顶生头状花序，紫红色。4~5月开花，花期长，约30~40天。

生态习性: 喜光，稍耐阴，但阴时叶色容易变绿。适应性强，耐旱。喜温暖，耐寒冷。萌芽力和发枝力强，耐修剪。耐瘠薄，但适宜在肥沃、湿润的微酸性土壤中生长。

繁殖栽培: 扦插、嫁接繁殖。养护管理粗放，唯嫁接苗需要及时修剪去檵木树桩的萌蘖。

适生地区: 长江流域以南省区。

观赏特性: 本种枝繁叶茂，姿态优美，全年红叶；花开时节，满树红花，极为壮观。

园林应用: 常作红叶色块绿篱。耐蟠扎与修剪，可塑造各种造型。也可用于制作树桩盆景。

唇形科 Lamiaceae

097

银石蚕

学名: *Teucrium fruticans*

科属: 唇形科香科科属

别名: 灌丛石蚕

形态特征: 常绿小灌木，高可达1.5米。叶对生，卵圆形，长1~2厘米，宽1厘米。小枝四棱形，全株被白色绒毛，以叶背和小枝最多。春季叶腋淡紫色小花，花期近月余。

生态习性: 喜光，稍耐阴，杭州露地能安全越冬，耐干旱贫瘠，对土壤要求不严，忌积水。生长快，萌蘖力强，耐修剪。

繁殖栽培: 主要扦插繁殖，每年春季剪取枝条，繁殖速度较快。生长期注意排水顺畅，不宜水肥过多，否则叶色转绿，影响白叶效果。

适生地区: 原产于地中海地区及西班牙，现上海、杭州等地引种，效果良好。

观赏特性: 本种全年呈现出苍白色或蓝灰色色调，是调剂园林色调的新优彩叶植物。

园林应用: 最宜作深色植物或建筑物的前景，如配植于红墙、亭廊角隅，效果极佳。在自然式园林中可植于林缘或花境。

豆科 Leguminosae

098

紫叶合欢

学名: *Albizia julibrissin* ‘Summer Chocolate’

科属: 豆科合欢属

别名:‘夏日巧克力’合欢

形态特征: 落叶乔木。树冠呈伞状；树皮灰色，光滑。二回偶数羽状复叶，互生，叶片紫红色，夏季老叶暗褐色。花玫瑰红色。花期6~7月，果期8~10月。

生态习性: 喜光，喜温暖湿润气候，耐寒，耐干旱、瘠薄。栽培宜疏松肥沃、排水顺畅的砂质壤土，忌土壤粘重积水。

繁殖栽培: 嫁接繁殖。一般选择合欢*Albizia julibrissin*作砧木，于春夏季嫁接。苗圃栽培注意栽植密度，春夏季生长期施肥2~3次。移栽可在冬季至早春进行。

适生地区: 我国东北至华南及西南部各省区。

观赏特性: 合欢树冠伞形，枝条优雅，叶片纤细似羽，昼开夜合，盛夏花开红艳，秀丽别致，其新叶鲜红色至紫色，仲夏变暗紫色，入秋又变红色，是花、叶俱佳的彩色乔木树种。

园林应用: 在公园草坪丛植数株，景观宜人，也适合作为行道树、庭荫树。

099

紫叶加拿大紫荆

学名： *Cercis canadensis* 'Forest Pansy'

科属： 豆科紫荆属

别名： 红叶加拿大紫荆

形态特征： 落叶小乔木，主干明显。树高6~9米，冠幅可达8~11米。叶互生，心形，基部楔形。雌雄同株，先花后叶，总状花序，春季开绯红色的花朵。果实红棕色。花期4~5月，果期10月。

生态习性： 喜光，略耐阴，抗寒性强，对土壤要求不严，喜肥沃、疏松、排水良好的土壤，较耐贫瘠，病虫害少。生长速度中等。萌蘖性强，耐修剪。

繁殖栽培： 嫁接繁殖。芽接砧木为紫荆*Cercis chinensis*，则多为灌木状苗木，若砧木为巨紫荆*Cercis gigantea*，则可发展成乔木状苗木。其原种加拿大紫荆*Cercis canadensis*我国不产。

适生地区： 黄河流域至长江流域。

观赏特性： 本种树形饱满，春季花团锦簇，灿若红霞，春季叶色鲜红，夏季渐转暗红，秋季紫红色，是难得的观花彩叶树种。

园林应用： 可种植于庭院、路边等地，与海棠、红瑞木等搭配使用，也可与常绿树配置使用，色彩对比明显。可作为独景树，也可作为行道树。

100

金叶美国皂荚

学名: *Gleditsia triacanthos* ‘sunburst’

科属: 豆科皂荚属

别名: 金叶皂荚

形态特征: 落叶乔木，株高11米，冠幅达10~11米，树冠为不规则的圆形，分枝不规则，开张，无枝刺。奇数羽状复叶互生，小叶15~21枚，小叶和新叶为明亮的嫩黄色，成熟叶片黄绿色，秋色金黄色。花期5~6月，极少结实。

生态习性: 喜全日照，耐寒能力强，耐干旱、盐碱，适应性广泛。

繁殖栽培: 嫁接繁殖。以皂荚*Gleditsia sinensis*作砧木，其原种美国皂荚*Gleditsia triacanthos*我国不产。本种若任其生长，树形较为松散，需加强修剪造型。

适生地区: 黄河流域至长江流域。

观赏特性: 春夏季萌发新叶均为金黄色，秋叶棕黄色，是难得的彩叶乔木。

园林应用: 可做行道树、庭荫树，亦可用于城市林地、公园绿地营造彩叶风景林。

101

金叶国槐

学名： *Sophora japonica* 'Jinye'

科属： 豆科槐属

别名： 金叶槐

形态特征： 落叶乔木，树冠呈伞形。整个生长季叶色呈金黄色，奇数羽状复叶，长15~25厘米，互生，小叶15~21片，长3~7厘米，宽1.5~3厘米，卵形，全缘。

生态习性： 喜光，耐寒，喜深厚湿润、排水良好的砂质壤土。适应性广，对二氧化硫、氯气及烟尘等抗性很强。抗风力强。

繁殖栽培： 由国槐芽变选育而成。一般采用嫁接繁殖。以原种普通国槐作砧木。嫁接可采用芽接和切接两种方法。在养护管理上需要注意接芽萌发后，砧木上发出的萌芽应一律抹去，以保证接枝的生长发育。

适生地区： 黄河流域至长江流域。

观赏特性： 本种树形高大，树冠丰满，春夏季萌发新叶均为金黄色，夏秋季节至落叶前树冠上层呈现金黄色，下半部缺光照为淡绿色，是优良的城市绿化色叶树种。

园林应用： 园林中可孤植造景，也可片植成风景林，如与其他红叶秋色树种或绿色乔木、灌木树种配植，更会显示出其鲜艳夺目的效果。

锦葵科 Malvaceae

102

红叶槿

学名: *Hibiscus acetosella*

科属: 锦葵科木槿属

别名: 紫叶槿

形态特征: 常绿灌木。高1~3米，全株暗紫红色。枝条直立，长高后弯曲。叶互生，轮廓近宽卵形，长8~10厘米，掌状3~5裂或深裂，裂片边缘有波状疏齿。花单生于枝条上部叶腋，直径8~9厘米，花冠绯红色，有深色脉纹，中心暗紫色，花瓣5片，宽倒卵形。蒴果圆锥形，被毛。花期6~8月，果期10~12月。

生态习性: 喜光，喜高温湿润环境，不耐寒。对土壤要求不严，但以疏松肥沃、排水良好的砂质壤土长势最佳。

繁殖栽培: 可扦插或分株繁殖，春、夏、秋三季均可育苗。每年冬季或早春休眠期应强剪1次，离地面约15~20厘米处剪定，并施用有机肥，可保来年株型整齐美观。

适生地区: 原产热带非洲。我国华南地区可露地栽培。

观赏特性: 本种株型紧凑，叶形奇特，花大色艳，叶全年暗红色，是不可多得的彩叶灌木。

园林应用: 宜配植于公园、庭院、草坪处，北方可作盆栽观赏。

野牡丹科 Melastomataceae

103

银毛野牡丹

学名: *Tibouchina asper* var. *asperrmima*

科属: 野牡丹科蒂牡花属

别名: 银绒野牡丹

形态特征: 常绿灌木，高0.5~1米。茎4棱，叶对生，叶片卵圆形，基部浅心形，基出脉3~5条，全缘，密被白色茸毛。圆锥花序顶生，长达30厘米，花径3~4厘米，花朵紫色，花瓣5枚，雄蕊浅紫色。花期夏季至秋季。

生态习性: 性喜光照充足，耐半阴。喜温暖气候，不耐寒，稍耐旱，宜在肥沃及排水良好的土壤中生长。

繁殖栽培: 播种或夏末扦插繁殖。春季可进行强剪，促进多分枝，耐修剪。

适生地区: 原产热带的美洲巴西。我国华南地区适生。

观赏特性: 本种花期长，花大色艳，叶密被白色绒毛，呈现苍白色色调，可常年观叶、观花。

园林应用: 可作耐阴地被片植于庭院、花园，亦可配植花境。

桑科 Moraceae

104

黄金榕

学名： *Ficus microcarpa* 'Aurea'

科属： 桑科榕属

别名： 金叶人参榕

形态特征： 常绿乔木或灌木，高达25米，树冠阔伞形，宽幅可达30米，枝干上有下垂的气根。单叶互生，倒卵形枝至椭圆形，长4~10厘米，革质，全缘。花单性，雌雄同株，隐头花序。果实球形，熟时红色。花期3~6月。

生态习性： 喜光，亦耐阴，喜高温高湿气候，可耐短期的0℃低温。适应性强，长势旺盛，易造型，病虫害少，不择土壤。

繁殖栽培： 可扦插繁殖。于春季气温回升后进行，老枝干或嫩枝均可作插穗，极易成活。

适生地区： 我国华南、西南南部及福建、台湾。

观赏特性： 本种树冠深广，枝叶茂密，新叶全年金黄色，老叶转黄绿色。

园林应用： 华南地区常作色块绿篱，也是行道树及庭荫树的良好树种，可通过靠接制作成各种造型。

桃金娘科 Myrtaceae

105

千层金

学名: *Melaleuca bracteata*

科属: 桃金娘科白千层属

别名: 黄金串钱柳、黄金香柳

形态特征: 常绿小乔木，主干直立，树冠尖塔形或圆锥形，成年树胸径可达10~20厘米，树高可达6~10米，树干暗灰色，枝条细长柔软，嫩枝鲜红色。叶互生，披针形，秋冬春三季叶冠为金黄色，顶生头状花序或短穗状花序，于夏末盛开。

生态习性: 喜光，喜温暖湿润气候，既抗旱又抗涝；抗病虫能力强，生长速度快，耐修剪，深根性树种，抗强风。对土壤要求不严，抗盐碱，能适合沿海绿化造林。

繁殖栽培: 扦插繁殖。嫩枝扦插多在4~8月。养护管理粗放，生长期水肥不宜多，否则生长过快，树形弯曲，容易倒伏。

适生地区: 原产新西兰。我国南亚带地区以南适生，成都、温州可露地越冬，个别年份冬季嫩枝梢有冻害。

观赏特性: 本种树形整齐，枝叶芳香；叶片全年金黄色或鹅黄色，是我国近年来引进的优良彩色叶芳香乔木。

园林应用: 可用作高篱、树墙，亦可片植作彩色绿篱或模纹。可修剪成球形、伞形、树篱、金字塔形等造型。可用于小区、别墅、庭院、公园。

木犀科 Oleaceae

106

金叶连翘

学名: *Forsythia koreana* 'Sun Gold'

科属: 木犀科连翘属

别名: 金叶朝鲜连翘

形态特征: 朝鲜连翘*Forsythia koreana*的园艺品种。落叶灌木，高约3米，枝干丛生，小枝黄色，弯曲下垂。叶对生，椭圆形或卵形，叶色从黄绿色至黄色，枝叶较密。花黄色，1~3朵生于叶腋，3~4月叶前开放。蒴果卵形，7~9月果成熟。有金脉朝鲜连翘*Forsythia koreana*'Kumson'等品种。

生态习性: 喜光，喜温暖凉爽气候，抗寒性强，不甚耐热，不耐土壤粘重。喜排水良好、深厚肥沃的砂质壤土。

繁殖栽培: 可扦插或压条繁殖。

适生地区: 我国黄河流域至长江流域省区。

观赏特性: 早春黄花满枝，明亮醒目，整个生长季叶色嫩黄色，秋叶橙红色，极为美观。

园林应用: 宜配植于河岸、水边、岩石等处，亦可配植于花境、花坛等处。

107

金叶女贞

学名: *Ligustrum × vicaryi*

科属: 木犀科女贞属

形态特征: 常绿灌木，是金边卵叶女贞与欧洲女贞的杂交种。叶对生，叶卵状椭圆形，长3~7厘米，全缘，嫩叶金黄色，后渐变为黄绿色。花期5~6月。

生态习性: 性喜光，稍耐阴，耐寒能力中等，不耐高温高湿，在京津地区，小气候好的楼前避风处，冬季可以保持不落叶。适应性强，对土壤要求不严格。萌蘖力强，耐修剪。

繁殖栽培: 扦插繁殖。栽培宜选疏松肥沃、排水顺畅的砂质壤土。生长期需多次施肥，才能确保枝叶繁茂。值得一提的是可高接女贞*Ligustrum lucidum*，从而形成乔木状树形。

适生地区: 我国黄河流域至长江流域均能适应，生长良好。

观赏特性: 本种花芳香，叶常年金黄色，但必须栽植于阳光充足处才能发挥其观叶的效果。

园林应用: 常作模纹色块，可修剪成球形、矮绿篱应用于公园、庭院、小区。

108

金叶素方花

学名: *Jasminum officinale* ‘Fiona Sunrise’

科属: 木犀科素馨属

别名: 金叶素馨

形态特征: 常绿藤木，茎细弱，黄绿色，4棱。羽状复叶对生，小叶通常5~7片，卵状椭圆形至披针形，全叶金黄色。聚伞花序顶生，有花2~10朵，花冠白色或外面带粉红色，径约2.5厘米，有芳香气味。花期5~9月。

生态习性: 喜光，喜温暖凉爽气候，不耐寒，稍耐旱。喜疏松肥沃、排水良好的酸性土壤。

繁殖栽培: 扦插或压条繁殖。养护管理粗放。

适生地区: 长江流域以南省区。

观赏特性: 本种全年枝叶金黄色，花色素雅，花芳香馥郁，是难得的彩叶藤本。

园林应用: 可配植于假山、山石，林缘，亦可植于篱笆、墙垣等处任其攀爬，也可植于高处自然下垂观赏。

蔷薇科 Rosaceae

109

紫叶碧桃

学名: *Amygdalus persica* ‘Atropurpurea’

科属: 蔷薇科桃属

别名: 紫叶桃

形态特征: 落叶小乔木，株高3~5米，树皮灰褐色。叶红褐色，单叶互生，卵圆状披针形，长8~15厘米。花单生或双生于叶腋间，花重瓣，桃红色。核果球形，果皮有短茸毛。花期3~4月，果6~9月成熟。

生态习性: 喜温暖向阳环境，较耐寒，耐水湿。喜深厚、肥沃而排水良好的土壤，不耐盐碱与土壤黏重。

繁殖栽培: 嫁接繁殖，砧木为毛桃。芽接宜在夏季，接后10~15天接穗可成活。养护管理中需注意及时剪除砧木萌发枝，否则影响接芽生长。移栽可在秋冬季，可裸根移植。花前施用磷钾肥，花后需及时修剪，可促夏季花芽分化，冬季仅需剪去病重枝、交错枝，切勿重剪。

适生地区: 我国西北、华北、华东、华中、西南等地。

观赏特性: 本种先花后叶，烂漫芳菲，妩媚可爱，新叶鲜红色，后渐变为暗紫色，整个生长季保持红叶色调，是优良的观花、观叶树种。

园林应用: 宜栽植于山坡、水畔、石旁、墙际、庭院、草坪，可与柳树或碧桃类配植营造“桃红柳绿”的绝佳春景。

110

紫叶寿星桃

学名: *Amygdalus persica* var. *densa* 'Atropurpurea'

科属: 蔷薇科桃属

别名: 红叶寿星桃

形态特征: 落叶灌木，植株矮小，株高1~2米。枝条节间极短。叶红褐色，单叶互生，卵圆状披针形。花芽密集，花单瓣或重瓣，有红色、桃红色、白色等不同品种。花期3~4月，果6~9月成熟。

生态习性: 喜光，喜温暖湿润气候，较耐寒，耐水湿。喜深厚、肥沃且排水良好的土壤。生长速度快，寿命短。

繁殖栽培: 嫁接繁殖，砧木为寿星桃。养护管理中需注意及时剪除砧木萌发枝。花前施用磷钾肥，花后需及时修剪，可促夏季花芽分化，冬季仅需剪去病重枝、交错枝，切勿重剪。

适生地区: 我国华北、华东、华中、西南等地。

观赏特性: 本种新叶鲜红色，后渐变为暗紫色，整个生长季保持红叶色调，花序繁盛，娇艳动人，是优良的观花、观叶树种。

园林应用: 宜栽植于庭院、小区、花境，因植株矮小，节间缩短，适合作桩景。

111

金叶风箱果

学名: *Physocarpus opulifolius* 'Dart Gold'

科属: 蔷薇科风箱果属

别名:'金叶'美国风箱果

形态特征: 落叶灌木，株高1~2米。叶互生，三角状卵形至广卵形，先端3~5浅裂，基部心形，缘有重锯齿，新叶金黄色，渐黄绿色，随后黄红相间。伞房花序顶生，花白色。果实膨大呈卵形，红色。花期6月。同属栽培品种有紫叶风箱果 *Physocarpus opulifolius*'Diablo'。

生态习性: 喜冷凉及光照充足的环境，耐寒性强，耐干旱瘠薄，忌水涝，喜肥沃、湿润及排水良好的土壤。

繁殖栽培: 扦插繁殖为主。萌发力强，耐修剪，冬季落叶后强剪，留基部5~6个饱满芽，使第二年发枝条健壮。

适生地区: 原产北美。我国长江流域以北省区适生。

观赏特性: 本种叶片金黄色，秋叶棕黄色，为优良的彩叶树种。

园林应用: 可丛植或带植于庭院观赏，也可作彩篱。宜作花境背景材料。

112

紫叶李

学名: *Prunus cerasifera* 'Atropurpurea'

科属: 蔷薇科李属

别名: 红叶李

形态特征: 落叶灌木或小乔木，高可达8米。叶卵形或卵状椭圆形，长3~4.5厘米，紫红色。花较小，淡粉红色，通常单生，叶前开花或与叶同放。果小，径约1.2厘米，暗红色。花期4月，果期8月。

生态习性: 喜光，喜温暖湿润气候，稍抗旱，不耐干旱，较耐水湿。对土壤适应性强，不耐盐碱。根系较浅，萌生力较强。

繁殖栽培: 扦插、嫁接繁殖。在华北地区以杏、山桃和毛桃作砧木最为常用。移栽宜在秋冬季。冬季适当修剪去瘦弱、病虫、枯死、过密枝条。早春施用磷钾肥，有利开花。花后需及时修剪，有益于春夏季花芽分化，保证来年花繁叶茂。

适生地区: 华北、华东、华中、华南、西南省区。

观赏特性: 本种树形饱满，早春满树繁花，新叶红色或暗红色，老叶紫红色，整个生长季保持红叶色调。

园林应用: 宜群植、丛植于建筑物前、路旁、草坪角隅。需注意选择常绿树或浅色背景，方可充分衬托其色彩美。

113

紫叶矮樱

学名: *Prunus × cistena*

科属: 蔷薇科李属

形态特征: 落叶灌木或小乔木，为紫叶李和矮樱杂交种，株高2~3米，冠幅1.5~3米，枝条幼时紫褐色，老枝有皮孔。花单生，淡粉红色，微香。花期4~5月。

生态习性: 喜光，喜温暖湿润环境，耐寒，忌涝。对土壤要求不严格，但在肥沃深厚、排水良好的中性、微酸性沙壤土中生长最好。生长快、耐修剪，适应性强。

繁殖栽培: 嫁接、扦插繁殖。嫁接砧木一般采用山杏、山桃，以杏砧最好。其萌蘖力强，故在园林栽培中易培养成球或绿篱。

适生地区: 东北、华北、西北、华中北部及华东北部。

观赏特性: 本种树形紧凑，叶片稠密，在整个生长季节内其叶片呈紫红色，亮丽别致，整株色感表现好。

园林应用: 可片植作彩篱或色块，也可孤植于庭院、草坪、亭廊等处。

114

红叶山樱花

学名: *Prunus serrulata* 'Royal Burgundy'

科属: 蔷薇科樱属

别名: 紫叶山樱花

形态特征: 落叶乔木，高达3米，树冠开展。叶卵状椭圆形或倒卵状椭圆形，叶暗紫色，长5~9厘米，先端渐尖，有渐尖单锯齿及重锯齿。花序伞房总状或近伞形，有2~3朵花，花粉红色。核果球形或卵圆形，熟后紫黑色。花期4~5月，果期6~7月。

生态习性: 喜光，喜温凉湿润气候，耐寒，稍耐干旱，不耐水涝。适应性强，对土壤要求不严。

•秋色叶

繁殖栽培: 嫁接繁殖。可用原种山樱花*Cerasus serrulata*为砧木。早春花前注意施用磷钾肥，可促花繁叶茂。花后应及时修剪，生长期注意去除砧木萌蘖。

适生地区: 长江流域、黄河流域及东北南部。

观赏特性: 本种生长期叶色暗紫色，秋季落叶前叶色鲜红色，秋色更佳，早春开花，花色粉红，娇艳可人，且在我国适生范围广，是极具发展前景的观叶、观花树种。

园林应用: 可群植于庭院、小区、公园、草坪，亦可配植于常绿树、白墙前，更显观赏价值。

115

金山绣线菊

学名： *Spiraea× bumalda* 'Gold mound'

科属： 蔷薇科绣线菊属

形态特征： 落叶灌木，高30~50厘米。枝条丛生密集，叶卵状披针形，春叶金黄色，夏叶黄绿色，秋叶橙红色。复伞房花序，花粉红色。花期5~10月，盛花期5~6月。

生态习性： 喜光照充足，极耐寒，耐旱，忌水涝，耐高温，喜深厚肥沃及排水良好的壤土。萌发力强，耐修剪。

繁殖栽培： 扦插繁殖，成活率高。适应性强，秋季落叶后或春季萌动前，实行重剪，促使多分枝，宜每隔3~4年分栽一次，改善通风状况。

适生地区： 原产美国。我国黄河流域及长江流域适生。

观赏特性： 本种株形丰满，花期长，枝繁叶茂，叶色随季节变化丰富。

园林应用： 适合群植作地被或色块，也可布置花境。

• 金焰绣线菊

• 金焰绣线菊

同属常见栽培应用的品种有：

金焰绣线菊*Spiraea×bumalda* 'Gold-flame'：高60~90厘米，新叶红色，春叶黄红相间，夏叶黄绿色，秋叶紫铜色。花蕾玫瑰红色，10~35朵聚成复伞房花序。

虎耳草科 Saxifragaceae

116

金叶欧洲山梅花

学名: *Philadelphus coronarius* ‘Aureus’

科属: 虎耳草科山梅花属

别名: 金叶西洋山梅花

形态特征: 落叶灌木，树冠扩展，株高1~3米，冠幅2.5米。叶卵形或狭卵形，具浅锯齿，长10厘米，叶面为金黄色。总状花序顶生，乳白色，花香。花期6~7月。

生态习性: 喜光，较耐阴，喜温暖湿润的气候，不耐寒。适宜肥沃而且排水良好的土壤。

繁殖栽培: 夏季嫩枝扦插繁殖，或于秋冬季进行老枝扦插。栽培土排水要好，在生长季节应每月浇液肥一次，水分充足，冬季要保持土壤潮湿。

适生地区: 黄河以南至长江流域。

观赏特性: 本种花色洁白，具芳香气味，生长期叶金黄色，秋季落叶前叶色为橙黄色。

园林应用: 可配植于公园、庭院、草坪、林缘，亦可盆栽观赏。

杉科 Taxodiaceae

117

金叶金松

学名： *Sciadopitys verticillata* 'Aurea'

科属： 杉科金松属

别名： 金叶日本金松

形态特征： 常绿乔木。叶二型，金黄色，鳞状叶小，螺旋状散生于枝上或簇生枝顶，线形叶每二叶合生，扁平，革质，辐射开展，在枝端呈伞形。球花雌雄同株，雄球花簇生枝顶，螺旋状着生，雌球花单生枝顶，第二年成熟。

生态习性： 喜光，喜温和湿润的气候，较耐寒，不耐积水。对土壤要求不严，但以疏松肥沃、排水顺畅的酸性砂质壤土为宜。

繁殖栽培： 嫁接繁殖。原种金松*Sciadopitys verticillata*我国有引种，以此为砧木。

适生地区： 长江流域以南省区。

观赏特性： 本种树姿优美，叶色常年金黄色，本种是名贵的观赏树种，又是著名的防火树，日本常于防火道旁列植为防火带。

园林应用： 中国引入栽培作庭园树，可配植于庭院、小区、草坪或与其他彩叶树种搭配使用。

榆科 Ulmaceae

118

金叶榆

学名: *Ulmus pumila* 'Jinye'

科属: 榆科榆属

别名: 中华金叶榆

形态特征: 落叶乔木，高达5~10米。树干直立，枝多开展，树冠近球形或卵圆形。叶片金黄色，有自然光泽，叶卵圆形，互生，长3~5厘米，宽2~3厘米，叶缘具锯齿，叶尖渐尖。花期3~4月，果熟期4~5月。

生态习性: 喜光，耐寒性强，可耐-36℃的低温，耐干旱，抗盐碱性。适应性、抗逆性强。萌芽力强，生长较快。

繁殖栽培: 嫁接繁殖。以榆树为砧木，枝接时间在3月上中旬，以砧木苗尚未发芽前树液将开始流动时最为适宜。芽接时间分夏季芽接和秋季芽接。

适生地区: 长江流域以北至华北、西北、东北。

观赏特性: 本种枝叶紧密，冠形丰满；初春嫩芽金黄色，春夏季生长期叶片金黄艳丽，格外醒目，夏秋季至落叶前，树冠中下部叶色浅绿色，树冠外围叶片仍为金黄色，黄绿相衬。

园林应用: 可培育成黄色叶灌木及高桩金球，广泛应用于绿篱、色带、造型。宜孤植、片植或与其他色叶树种混植，充分体现其彩叶效果。

• 垂枝金叶榆

同属常见栽培品种有:

垂枝金叶榆*Ulmus pumila* 'Chuizhi Meiren'：又名垂枝美人榆，树冠伞形，叶金黄，枝条下垂。

马鞭草科 **Verbenaceae**

119

金叶莸

学名: *Caryopteris clandonensis* 'Worcester Gold'

科属: 马鞭草科莸属

形态特征: 落叶丛生灌木，株高50~60厘米，枝条圆柱形。单叶对生，叶楔形，长3~6厘米，叶面光滑，鹅黄色，叶先端尖，基部钝圆形，边缘有粗齿。聚伞花序，花冠蓝紫色，高脚碟状腋生于枝条上部，自下而上开放。花期7~9月。

生态习性: 喜光，也耐半阴，耐热又耐寒，在-20℃以上的地区能够安全露地越冬。耐干旱贫瘠，忌水涝。萌发力强，耐修剪。

繁殖栽培: 扦插繁殖，可在春末初夏进行。栽培土壤要疏松，排水顺畅最重要，对肥力要求不严。雨季特别需要注意排涝。早春或生长季节应适当进行修剪，每年需修剪2~3次。养护管理粗放。

适生地区: 我国东北南部、华北、西北、华东、华中。

观赏特性: 本种株丛饱满，枝叶茂密，生长期叶色鲜黄色，愈修剪叶片的黄色愈加鲜艳，萌发的新叶愈加亮黄美观，花序紫色，花期在夏末秋初的少花季节，花期长，可持续2~3个月，是点缀夏秋景色的好材料。

园林应用: 可作大面积色块及基础栽培，可植于草坪边缘、假山旁、水边、路旁，也可用作色带、色篱、地被，片植效果极佳。

120

金叶假连翘

学名: *Duranta repens* ‘Dwarf Yellow’

科属: 马鞭草科假连翘属

别名: 黄金叶

形态特征: 常绿灌木，枝条常下垂。叶多数对生，偶有轮生，有短柄，叶片卵状椭圆形或倒卵形，长2~6.5厘米，宽1.5~3厘米，边缘在中部以上有锯齿。总状花序顶生或腋生，花冠蓝色或淡蓝紫色。果实成熟时桔黄色。花果期5~10月，华南几乎全年。常见斑叶品种有金边假连翘*Duranta erecta* ‘Golden Edge’，叶缘有金色斑纹。

•金边假连翘

•金边假连翘

生态习性: 喜光，耐半阴，喜高温湿润环境，不耐寒，对土壤要求不严。生长快速，萌发力强，耐修剪。

繁殖栽培: 扦插繁殖。生长期水分要充足，每半月液肥1次。花后应进行修剪，以促进发枝并再次开花。冬季越冬不低于5℃，否则受冻叶色发黑。

适生地区: 原产中、南美洲。我国华南、西南南部及福建、台湾可露地栽培。

观赏特性: 本种全年叶色嫩黄色，花序蓝紫色，垂挂枝头。

园林应用: 华南地区宜片植作彩色绿篱、绿墙或攀附于花架上，或悬垂于石壁、砌墙上，均很美丽。可修剪成形，丛植于草坪或与其他彩色植物组成模纹花坛。北方可盆栽观赏。

斑色叶树种

爵床科 Acanthaceae

121

彩叶木

学名: *Graptophyllum pictum*

科属: 爵床科紫叶属

别名: 锦彩叶木

形态特征: 常绿小灌木，植株高达1米。茎红色，叶对生，长椭圆形，先端尖，基部楔形。叶中肋泛淡红、乳白、黄色彩斑。花期夏季。

生态习性: 性喜高温和阳光充足的环境，不耐阴，忌强光直射。以疏松、肥沃富含腐殖质的壤土为宜。

繁殖栽培: 可用分株或扦插法繁殖。栽培以腐殖质土或砂质土壤均佳，生长期间每月追施氮、磷、钾复合肥1次，保持土壤湿润。入秋天气转凉后，枝叶稀疏，此时可进行修剪，以利多分侧枝，使株形更加美观。

适生地区: 原产新几内亚。我国华东南部、华南南部、西南南部适生。

观赏特性: 彩叶木株形美观，叶色靓丽，是优良的观叶植物。

园林应用: 适合林下、路边或与其他林木配植，也可植于花坛。

槭树科 **Aceraceae**

122

‘弗拉明哥’复叶槭

学名: *Acer negundo* ‘Flamingo’

科属: 槭树科槭属

别名: 花叶复叶槭

形态特征: 落叶乔木，高达20米。树皮黄褐色或灰褐色。羽状复叶，有3~7枚小叶，小叶纸质，边缘常有3~5个粗锯齿，叶上有大面积的乳黄色斑纹。雄、雌花序均由无叶的小枝旁边生出，常下垂，开于叶前，雌雄异株。翅果张开成锐角或近于直角。花期4~5月，果期9月。同属还有金叶品种‘凯利黄’复叶槭*Acer negundo* ‘Kelly's Gold’等。

生态习性: 喜光，喜凉爽湿润的环境，耐寒能力强，不耐湿热与烈日，忌积水。喜疏松肥沃、排水顺畅的砂质壤土，但耐贫瘠。生长较快，寿命较短。抗烟尘能力强。

繁殖栽培: 扦插繁殖。生长期注意保湿，并施肥1~2次，雨季注意排水。小苗可用裸根移栽，大苗或大树移栽要带土球。

适生地区: 原产北美洲。我国东北、华北、西北等省区生长较好，在湿热的南方多生长不良，且多遭病虫危害。

观赏特性: 本种树冠广阔，树形美观，新叶叶缘有浮白色微红斑纹，生长期叶缘乳黄色，秋叶转橙黄色，观叶价值高。

园林应用: 可作庭荫树、行道树或庭园树，也可用以绿化城市或厂矿。

123

蝴蝶枫

学名: *Acer palmatum* 'Butterfly'

科属: 槭树科槭属

别名: 花叶鸡爪槭

形态特征: 落叶小乔木，高1.5~3米。叶对生，掌状3~5深裂，叶缘有金色斑纹或几乎全叶乳白色。花期4~5月，果期9月。

生态习性: 弱阳性树种，耐半阴，忌烈日曝晒。喜温暖湿润气候，耐寒性不强，较耐旱，不耐水涝。适生于肥沃深厚、排水良好的微酸性或中性土壤。

繁殖栽培: 嫁接繁殖。用鸡爪槭实生苗为砧木，枝接在春季进行，嫩枝接在梅雨期进行。

适生地区: 杭州、上海有少量引种，长江流域各省区适生。

观赏特性: 本种树姿飘逸、枝叶清秀，春夏季树叶黄绿相间，秋季叶棕黄色，极为美观雅致。

园林应用: 宜植于草坪、溪边、池畔、路隅、墙边或亭廊、山石间点缀点景。

龙舌兰科 Agavaceae

124

金心香龙血树

学名: *Dracaena fragrans* 'Massangeana'

科属: 龙舌兰科龙血树属

别名: 金心巴西铁

形态特征：常绿灌木，高达6米。叶集生茎端；叶狭长椭圆形，长40~90厘米，宽5~10厘米，革质，叶缘有宽的绿边，中央为黄色宽带，新叶更明显。花淡黄色，芳香。栽培品种极多，不易区分。同属常见栽培品种有金边香龙血树*Dracaena fragrans* 'Victoria'：叶大部分为金黄色，中间有黄绿色条带。

生态习性：喜半阴，忌强光直射，喜高温多湿的气候，不耐寒，低于5℃即受寒害。不择土壤。

繁殖栽培：常用扦插繁殖。5月初用成熟健壮的茎干截成5~10厘米的一段平放在沙床上，保持25℃温度和较高的空气湿度，约30天可生根。生长期经常叶面喷水保持湿度，适当施肥1~2次。冬季少浇水，注意防寒。

适生地区：原产非洲几内亚和阿尔及利亚。我国华南地区可露地越冬，北方多盆栽室内观赏。

观赏特性：本种叶色斑驳，清新悦目，是室内观叶佳品。

园林应用：热带地区可露地植于草坪、庭院观赏，亦可作为室内大型盆栽，置于宾馆酒店、客厅等处。

125

三色千年木

红边千年木

学名： *Dracaena marginata* 'Tricolor'

科属： 龙舌兰科龙血树属

别名： 彩虹千年木

形态特征： 常绿小乔木。茎细，挺拔直立，高可达3米。叶长15~60厘米，宽1~2厘米，剑形，绿色叶片上有乳白色、黄白色、红色的条纹。本种栽培品种众多，有红边千年木等。

生态习性： 喜半阴，忌强光直射，喜高温多湿的气候，不耐寒，低于5℃即受寒害，生长适温为18~28℃，越冬温度需在5℃以上。不择土壤。

红边千年木

繁殖栽培： 扦插繁殖。5月初用成熟健壮的茎干截成5~10厘米的一段平放在沙床上，保持25℃温度和较高的空气湿度，约30天可生根。生长期适当浇水，并注意施肥2~3次，夏秋季叶面喷水保湿。

适生地区： 原产马达加斯加。我国华南地区可露地越冬，北方多盆栽观赏，需温室越冬。

观赏特性： 本种株型挺拔，叶色富于变化，观赏价值突出。

园林应用： 可丛植于草坪、庭院、小区观赏，亦可作为大型观叶盆栽。

三色千年木

三色千年木

夹竹桃科 Apocynaceae

126

花叶络石

学名: *Trachelospermum asiaticum* 'Variegatum'

科属: 夹竹桃科络石属

别名: 斑叶络石

形态特征: 常绿木质藤本。茎圆柱形，借气生根攀援。叶革质，椭圆形至卵状椭圆形，老叶近绿色或淡绿色，叶上有大小不一的乳黄色斑纹。聚伞花序，花冠白色，芳香。蓇葖果双生。花期4~6月，果期8~10月。

生态习性: 喜温暖湿润环境，耐半阴，耐寒，耐旱，耐贫瘠，不择土壤。

繁殖栽培: 扦插繁殖。在整个生长季可进行，生根容易，成活率达95%以上，栽培管理简单粗放，常规管理就能良好生长。

适生地区: 长江流域以南省区。

观赏特性: 本种四季常绿，美叶如花，且覆盖性好，开花时节，花香袭人。冬季温度低于5℃，叶色暗黑色，影响观赏价值。

园林应用: 可点缀假山、叠石，攀援墙壁、枯树、花架、绿廊，也可作片植林下耐阴湿地被植物。

同属常见栽培应用的品种有:

① 五彩络石*Trachelospermum asiaticum* 'Hatuyukikazura'：别名初雪葛，叶革质，卵形，在全光照情况下，从早春发芽开始，有咖啡色、粉红、全白、绿白相间等色彩，冬季以褐红色为主。五彩络石在半阴条件下生长良好，但叶色以绿白相间为主。

② 黄金锦络石 *Trachelospermum asiaticum* 'Ougonnishiki'：叶革质，卵形，全叶金黄色或淡黄色至白色。

•花叶络石

•花叶络石

•花叶络石

•花叶络石

五彩络石

五彩络石

五彩络石

五彩络石

黄金络石

黄金锦络石

黄金锦络石

黄金锦络石

127

斑叶欧洲夹竹桃

学名: *Nerium oleander* 'Variegata'

科属: 夹竹桃科夹竹桃属

别名: 斑叶夹竹桃

形态特征： 常绿大灌木，高可达5米。单叶3~4枚轮生，下部叶对生，窄披针形至长圆披针形；叶革质，全缘，中脉笔直清晰，叶深绿色，带不规则乳黄色边缘，部分新叶全乳黄色或黄绿色。花粉红色，排成顶生伞房花序状聚伞花序。花期6~10月。

生态习性： 喜光，喜温暖湿润气候，稍耐寒，耐旱能力强。萌芽力强，耐修剪。适应性强，对土壤要求不严，在碱性土上也能生长。

繁殖栽培： 以扦插为主，也可分株、压条繁殖。扦插多在春、夏季进行。嫩枝扦插多选用上部一年生枝条。硬枝扦插多选用中下部二年生枝条。

适生地区： 园艺栽培种，杭州、上海、厦门有引种。适生于长江流域以南各省区。

观赏特性： 本栽培种株型紧凑，花序粉红，叶具乳黄色边缘或局部新叶全金色，极为美观。

园林应用： 宜三五丛植于小区、别墅、公园、草坪全阳处，充分展现其饱满冠形，亦可配置于池边水际或花境等处。

冬青科 Aquifoliaceae

128

金边枸骨叶冬青

学名：*Ilex aquifolium* ‘Pyramidalis Aureomarginata’

科属：冬青科冬青属

形态特征：常绿乔木，株高15~25米。叶互生，卵形至椭圆形，缘具3~5刺齿，基部近全缘，叶缘有金黄色斑纹。花簇生，白色。果期成熟时红色。花期5月，果期9月~翌年2月。

生态习性：喜光，喜凉爽湿润的气候，耐寒，不耐积水。喜疏松肥沃、排水顺畅的壤土。

繁殖栽培：嫁接繁殖。其原种枸骨叶冬青 *Ilex aquifolium* 我国不产，故多用枸骨 *Ilex cornuta* 作砧木。

适生地区：长江流域至黄河流域。

观赏特性：本种叶色常绿斑驳，秋日红果累累，彩叶红果交相辉映。

园林应用：可配植于小区、别墅、庭院，亦可片植作为彩篱、刺篱。盆栽观赏可作年宵观果花卉。

• 银后枸骨叶冬青

同属栽培品种有：

‘银后’枸骨叶冬青 *Ilex aquifolium* ‘Silver Queen’：叶缘有5~7刺齿，并有银白色斑纹。

129

金边枸骨

学名: *Ilex cornuta* var. *variegata*

科属: 冬青科冬青属

别名: 花叶枸骨

形态特征： 常绿灌木或小乔木，高3~4米。叶硬革质，具尖硬刺齿4~5枚，叶端向后弯，表面深绿色而有光泽，叶缘有大小不一的金色斑块。花小，黄绿色，簇生于2年生枝叶腋。核果球形，径8~10毫米，鲜红色。花期4~5月，果期10~12月。

生态习性： 喜光，不耐寒，忌积水，喜疏松肥沃的酸性土壤，生长很慢。

繁殖栽培： 扦插繁殖。春季进行，宜选用二年生枝条扦插，需使用生根剂促其发根。生长期适当浇水，施用磷钾肥为宜，多施氮肥生长过旺，叶色会出现“返祖”返绿现象。生长慢，无需修剪。

适生地区: 我国长江流域各省区。

观赏特性: 本种叶形奇特、叶色绚丽，加之入秋红果累累，鲜艳美丽，是优良的园林观赏树种。

园林应用: 可配植于公园、庭院、小区，宜作基础种植或岩石园材料。北方常盆栽观赏，需温室越冬，是年宵观果佳品。

五加科 Araliaceae

130

花叶熊掌木

学名: *Fatshedera lizei* 'Variegata'

科属: 五加科熊掌木属

别名: 斑叶熊掌木

形态特征: 常绿藤蔓或灌木，高可达1米。单叶互生，掌状五裂，叶端渐尖，叶基心形，全缘，波状有扭曲，叶面有银白色斑纹，叶柄长8~10厘米。花淡绿色，花小，花期秋季。本种为八角金盘 *Fatsia japomica* 与洋常春藤 *Hedera helix* 的属间杂交种，不结果。

生态习性: 喜温暖湿润的半阴环境，阳光直射会导致叶片黄化。耐阴性好，在光照极差的场所也能良好生长。较耐寒，不耐闷热。不择土壤。

繁殖栽培: 用扦插法繁殖，春、秋季为适期。栽培用腐叶土或腐殖质壤土。栽培处日照约50%~60%，忌强烈日光直射。施肥可用有机肥料或氮、磷、钾。生长期间摘心或修剪能促进分枝萌发。

适生地区: 长江流域以南省区。

观赏特性: 本种四季青翠碧绿，叶片斑驳美丽。

园林应用: 可在林缘群植作地被。具较强的耐阴能力，可作室内观叶盆栽。

131

银边花叶洋常春藤

学名: *Hedera helix* ‘Argenteo-variegata’

科属: 五加科常春藤属

别名: 斑叶常春藤

形态特征: 常绿攀援藤本，也可在地面匍匐生长。幼枝被褐色星状毛，有营养枝和花枝之分。营养枝上叶3~5裂，花枝上叶卵状菱形或菱形；叶脉色浅，叶有白斑纹。伞形花序，花黄白色。浆果球形，黑色。花期9~12月，果期翌年4~5月。

产地习性: 原产欧洲，我国各地有栽培应用。喜温暖湿润环境，耐半阴，耐寒，耐旱，耐贫瘠。适应性广，对水湿和干旱都有很强的抗性。夏季忌阳光直射。

栽培繁殖: 扦插繁殖。5~6月进行，7~10天可生根，成活率高达95%。生长非常快，扦插苗生根后2周可上盆，常规管理2个月可出圃。

园林应用: 枝蔓茂密青翠，姿态优雅，可覆盖地面、山坡，高大建筑物的阴面，种植于阴湿环境或作林下地被植物，可在树穴中种

植，也可作树干、立交桥、棚架、墙垣、岩石等处的垂直绿化。

常见有以下栽培变种:

① 金边花叶洋常春藤 ‘Aureo-variegata’：叶边黄色。

②‘马伦哥荣耀’阿尔及利亚常春藤 *Hedera algeriensis* ‘Gloire de Marengo’：叶缘有大面积乳白色斑纹。

• 银边花叶洋常春藤

金边花叶洋常春藤

金边花叶洋常春藤

金边花叶洋常春藤

‘马伦哥荣耀’阿尔及利亚常春藤

‘马伦哥荣耀’阿尔及利亚常春藤

‘马伦哥荣耀’阿尔及利亚常春藤

‘马伦哥荣耀’阿尔及利亚常春藤

132

斑叶鹅掌藤

学名: *Schefflera arboricola* ‘Hong Kong Variegata’

科属: 五加科鹅掌柴属

别名: 斑卵叶鹅掌藤

形态特征: 常绿藤木或蔓性灌木。掌状复叶互生，小叶7~9枚，倒卵状长椭圆形，长8~12厘米，宽2~3厘米，先端圆；叶面有不规则黄色斑纹。花期7月，果期8月。常见栽培品种有卵叶鹅掌藤‘Hong Kong’、斑裂‘Renata Variegata’、金边‘Golden Mar.ginata’等品种。

生态习性: 喜光，耐半阴，但忌烈日暴晒，喜高温高湿气候，不耐干旱。对土壤要求不严，生长快，适应性强。

繁殖栽培: 可扦插、压条繁殖。常于春末秋初用当年生的枝条进行嫩枝扦插，或于早春用去年生的枝条进行老枝扦插。生长期注意保持土壤湿润，适当施肥。在冬季做好控水控肥工作，植株进入休眠或半休眠期，要把瘦弱、病虫、枯死、过密等枝条剪掉。

适生地区: 我国华南、西南南部及福建、台湾。

观赏特性: 本种株型紧凑，枝叶舒展，叶色斑驳，极为美观。

园林应用: 华南地区可作林缘地被或配植于路旁作绿篱，亦可植于草坪、庭院、山石处。也常作盆栽观赏。

紫葳科 Bignoniaceae

133

斑叶粉花凌霄

学名: *Pandorea jasminoides* ‘Ensel-Variegta’

科属: 紫葳科粉花凌霄属

别名: 斑叶肖粉凌霄

形态特征: 落叶藤本，奇数羽状复叶对生，小叶5~9枚，全缘，椭圆形至披针形，叶上有金黄色斑纹。顶生圆锥花序，花冠白色，喉部红色，漏斗状，花萼不膨大。蒴果长椭圆形、木质。花期夏、秋两季。

生态习性: 喜温暖湿润气候，喜光照，不耐寒。对土壤没有特殊要求，以肥沃排水良好的壤土为佳。

繁殖栽培: 繁殖用播种及扦插法。栽培应选择向阳、土质肥沃的地方，苗期保持土壤湿润，并适当施肥，以促进枝条快速生长。在冬季温度较低地区栽培，入冬前施1次磷钾肥，以利越冬。较耐寒，可耐轻霜，小苗耐寒性稍差，越冬注意保护。

适生地区: 原产于美国，我国华南、西南南部、华东福建、台湾适生。

观赏特性: 本种花色素雅明快，叶色斑驳醒目，是新优观叶观花藤本。

园林应用: 适合棚架、绿篱、墙垣及庭院绿化，在较寒冷地区可盆栽观赏。

黄杨科 Buxaceae

134

‘华丽’锦熟黄杨

学名： *Buxus sempervirens* ‘Elegantissima’

科属： 海燕科黄杨属

别名： 金边锦熟黄杨

形态特征： 常绿灌木或小乔木，高可达6米。小枝近四棱形，叶革质，长卵形或卵状长圆形，长1.5~2厘米，宽1~1.2厘米，顶端圆形，偶有微凹，叶面暗绿色光亮，叶缘有大小不一的斑纹。总状花序腋生，雄花萼片4枚，雌花萼片6枚。蒴果球形。花期4月，果期7月。

生态习性： 喜光，耐半阴，喜温暖湿润气候，较耐寒。适宜在排水良好、深厚、肥沃的土壤中生长。耐干旱，忌低洼积水，生长很慢，耐修剪。

繁殖栽培： 扦插繁殖，生根容易。上海、南京等地梅雨季扦插，成活率可达90%以上。移植需在春季萌动时带土球进行。养护管理粗放。

适生地区： 华东、华中、华南、西南省区。

观赏特性： 本种枝叶茂密而浓绿，叶色斑驳醒目，冬季色调较暗。

园林应用： 宜于庭园作绿篱或在花坛边缘种植，也可以在草坪孤植、丛植及在路边列植。可点缀山石，或作盆栽、盆景。

忍冬科 Caprifoliaceae

135

金叶大花六道木

学名: *Abelia* × *grandiflora* ‘Francis Mason’

科属: 忍冬科六道木属

别名:‘法兰西马松’大花六道木

形态特征: 常绿灌木，自然生长可达2米。嫩枝红褐色，叶片绿色，边缘黄色，有光泽。圆锥聚伞花序，数朵着生于叶腋或花枝顶端；漏斗形，花白色，粉红色萼片宿存至冬季。花期6~11月。

生态习性: 喜光，稍耐阴，耐寒，耐贫瘠，耐旱，不择土壤。

繁殖栽培: 扦插繁殖。管理粗放，萌蘖力强，耐修剪；冬季可修剪，除去部分基部枝条，促使新枝萌发。

适生地区: 原产法国等地。我国黄河流域及长江流域适生。

观赏特性: 树冠开展，花朵繁茂，花期长，是不可多得的色叶夏秋花灌木。叶片绿色，边缘黄色，叶色随季节而变化，春季金黄色而略带绿心，夏季为淡绿色，霜后为橙黄色。

园林应用: 丛植布置花境、岩石园，片植于空旷地或林缘，散植于庭院绿地或用作自然式低矮花篱。

136

花叶早锦带花

学名： *Weigela praecox* 'Variegata'

科属： 忍冬科锦带花属

别名： 花叶矮锦带

形态特征： 落叶灌木，株高0.8~2.5米。叶对生，椭圆形或卵圆形，叶缘乳黄色。花1~4朵组成聚伞花序，生于叶腋或枝端，花冠钟形，花径约3厘米，粉红色至白色，管颈处黄色，芳香。花期4~5月。

生态习性： 喜温暖湿润气候，喜阳光充足，稍耐阴，耐寒，耐旱，怕积水，对土壤要求不严。

• 金亮锦带

繁殖栽培: 夏季软枝扦插繁殖。生长迅速，耐修剪，病虫害少。早春在枝条萌动前应修剪，以保持良好的株形，促进翌年新枝健壮生长和开花繁茂。

适生地区: 黄河流域以南省区。

观赏特性: 本种枝条密集，花朵繁茂，叶缘斑驳，入秋转为橙黄色，是观叶、观花的优良品种。

园林应用: 宜丛植于草坪中或带植于林缘，亦可修剪成花篱，也可布置花境背景。

同属常见栽培的品种有:

① 金亮锦带 *Weigela florida* ‘Rubidor’：叶色亮黄色，花深红色。

② 紫黑锦带 *Weigela florida* ‘Foliis Purpureis’：叶色紫黑色，花深红色。

• 金亮锦带

• 紫黑锦带花

137

金边西洋接骨木

学名: *Sambucus nigra* ‘Marginata’

科属: 忍冬科接骨木属

别名: 金叶接骨木

形态特征: 落叶灌木。奇数羽状复叶，小叶7~9枚，卵状椭圆形至披针形，缘有锯齿，叶缘金色至浅黄色。圆锥状聚伞花序顶生，直径可达20厘米，花小而多，白色至淡黄色。核果近球形，黑色。花期4~5月。常见近似品种有‘麦当娜’西洋接骨木‘Madonna’、‘花叶’西洋接骨木‘Variegata’等。

生态习性: 喜光，耐阴，耐寒，耐旱，忌水涝，适应性强，喜疏松、肥沃、湿润的土壤。

繁殖栽培: 分株或扦插繁殖。生性强健，易栽培。

适生地区: 原种产于欧洲、北非及西亚。我国黄河流域、长江流域适生。

观赏特性: 本种枝叶茂密，初夏白花满树，生长期金黄色，极为美观。

园林应用: 可布置花境中景、背景，宜植于草坪、林缘或水边。

138

花叶圆果毛核木

学　名： *Symphoricarpos orbiculatus* 'Foliis Variegatis'

科属： 蔷薇科毛核木属

别名： 斑叶圆果毛核木

形态特征： 落叶灌木，株高约1米。小枝纤细，匍匐，有毛。叶对生，全缘，长3厘米，革质，卵形深绿色，叶边缘有金色斑纹。花淡粉色。果直径0.6厘米，卵圆形，酒红色，成串。花期6~8月。

生态习性： 喜光，喜凉爽湿润的环境，耐寒，不耐闷热；不择土壤，但喜石灰质壤土。分蘖多，生长蔓延快。

繁殖栽培： 扦插繁殖。当年生枝条可开花，故春天修剪枯枝，不影响当年开花结果。

适生地区： 原种产于美国东海岸。我国长江流域、黄河流域及东北南部适生。

观赏特性： 本种叶色斑驳，冬日红果累累，是观叶观果的优良花木。

园林应用： 可配植于山石、草坪、建筑角隅，亦可盆栽观赏。

卫矛科 Celastraceae

139

银边扶芳藤

学名: *Euonymus fortunei* 'Emerald Gaiety'

科属: 卫矛科卫矛属

形态特征: 常绿攀援藤本。枝上有细根，小枝绿色，圆柱形。叶对生，叶边缘乳白色，革质，宽椭圆形至长圆状倒卵形。腋生聚伞花序。蒴果近球形，淡红色。花期6~7月，果期10月。

生态习性: 喜阴湿环境，耐寒，耐旱，耐盐碱，抗污染，不择土壤，适应性强，速生。在砂质土、黏性土、微酸性和中度盐碱地均能生长。

繁殖栽培: 扦插繁殖。采用半木质化枝条扦插，成活率95%以上。

园林应用: 丛植或片植，可作广场、公园、行道树池、公路护坡等处的地被植物，也可遮挡墙面、岩面、山石或攀援于树干、棚架上作垂直绿化材料。

同属常见栽培应用的有:

① 金边扶芳藤 *Euonymus fortunei* 'Emerald Gold'：叶边缘金色。

② 金心扶芳藤 *Euonymus fortunei* 'Sunspot'：叶中心有金色斑块。

③ '金发贵族' 扶芳藤 *Euonymus fortunei* 'Blondy'：叶中心有大面积金色斑块，仅叶缘绿色。

• 金边扶芳藤

• 金边扶芳藤冬季叶色

• '金发贵族' 扶芳藤

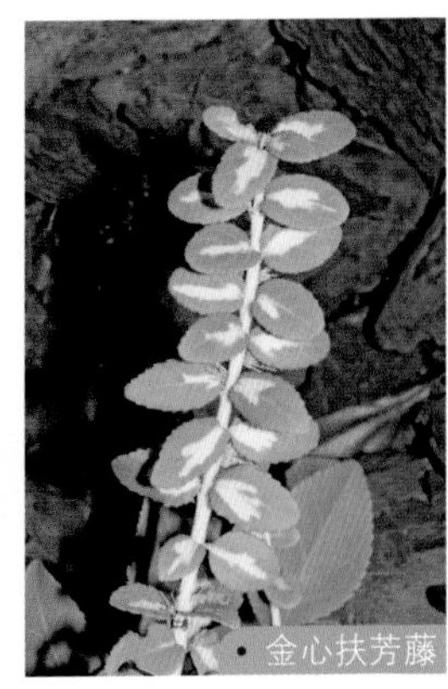

• 金心扶芳藤

140

金边冬青卫矛

学名: *Euonymus japonicus* 'Aureo-marginatus'

科属: 卫矛科卫矛属

别名: 金边正木、金边大叶黄杨

形态特征: 常绿灌木或小乔木。小枝略为四棱形，枝叶密生，树冠球形。单叶对生，倒卵形或椭圆形，边缘具钝齿，表面叶缘具金色斑纹。聚伞花序腋生，具长梗，花绿白色。蒴果球形，淡红色，假种皮桔红色。花期6~7月，果熟期9~10月。

生态习性: 喜光，亦稍耐阴。喜温暖湿润气候，亦较耐寒。要求肥沃疏松的土壤，极耐修剪整形，且对二氧化硫抗性较强。

繁殖栽培: 扦插繁殖。梅雨季节扦插生根快。宜选择半木质化成熟枝条。

适生地区: 我国长江流域及黄河流域。

观赏特性: 本种枝叶茂密，叶色斑驳，是良好的彩叶绿篱材料。

园林应用: 庭院中常见绿篱树种，可经整形环植门旁道边，或作球形灌木。庭院可用以装饰为绿门、绿垣，亦可盆植观赏。

• 金边冬青卫矛

• 金边冬青卫矛

• 银边冬青卫矛

同属常见栽培应用的品种有:

①银边冬青卫矛 *Euonymus japonicus* 'Albo-marginatus'：叶缘有银白色斑纹。

②金心冬青卫矛 *Euonymus japonicus* 'Aureo-pictus'：叶中间有金黄色斑块。

山茱萸科 Cornaceae

141

洒金东瀛珊瑚

学名: *Aucuba japonica* 'Variegata'

科属: 山茱萸科桃叶珊瑚属

别名: 花叶青木

形态特征: 常绿灌木。小枝绿色，光滑无毛。叶对生，叶片卵状椭圆形或长椭圆形，叶深绿色，具光泽，革质，叶面布满黄色斑点，叶缘疏生变宽锯齿。雌雄异株，圆锥花序顶生，雌花序长约3厘米，雄花序长约10厘米，花暗紫红色。核果肉质，成熟时鲜红色。秋季开花。

生态习性: 喜温暖湿润的环境。稍耐寒，耐旱，极耐阴，忌强光直射，对大气污染有较强的抗性。在排水良好、富含腐殖质的土壤中生长极佳。

繁殖栽培: 扦插繁殖。在春季新芽萌发前或夏季新梢木质后进行，极易成活。苗期生长较缓慢。移栽在春季或雨天进行，适当带球移栽。

适生地区: 原产中国台湾和日本，我国长江以南各地有露地栽培。

观赏特性: 本种株型紧凑，叶色亮丽，且果期红果绿叶，极为诱人。

园林应用: 耐阴湿观叶地被植物。可布置于庭院、墙隅、建筑物背阴处，群植于林下，也可用于厂区绿化。北方地区可盆栽于室内观赏。

藤黄科 Clusiaceae

142

三色金丝桃

学名: *Hypericum* × *moserianum* 'Tricolor'

科属: 藤黄科金丝桃属

形态特征: 莫斯金丝桃 *Hypericum* × *moserianum* 的园艺品种。常绿灌木，小枝红色。叶卵形至椭圆形，对生，长3~6厘米，叶面夹杂着乳白色、粉红色和绿色三色。聚伞花序顶生，有花4~8朵，花金黄色。花期5~7月。

生态习性: 喜光，稍耐阴，喜温暖湿润气候，较耐寒，对土壤要求不严。

繁殖栽培: 繁殖常用分株或扦插法。分株在冬春季进行，较易成活。扦插用硬枝，也可在6~7月取嫩枝扦插，成活率更高。养护管理粗放，生长期注意保持土壤湿润，适当施用磷钾肥促进生长。一般不需要修剪，可任其自然生长。

适生地区: 长江流域各省区。

观赏特性: 本种夏日开花，黄色、金黄色，叶五颜六色，色彩斑斓，给人以无穷的遐思，是观花观叶的彩叶树种。

园林应用: 可配植于公园、庭院、草坪、林缘，亦可片植于道路、小径两侧，用于花境亦很美观。

柏科 Cupressaceae

143

‘黄斑’北美翠柏

学名: *Calocedrus decurrens* ‘Aureovariegata’

科属: 柏科翠柏属

形态特征: 常绿大乔木，高可达到30米。小枝扁平，排成平面。叶色黄绿相间。雌雄同株，雌花单生于小枝项端。花期3~4月。球果长圆形，成熟时红褐色。种子9~10月成熟。

生态习性: 中性偏阳树种，幼年耐阴，长成后喜光。喜温暖气候及较湿润的土壤。耐旱、耐瘠薄性较强。

繁殖栽培: 扦插或高压繁殖。育苗必须在冷凉山区进行，如在平地高温处，虽能发芽生根，但生育迟缓。插穗宜使用生根剂处理后，再插于沙床或砂质壤土中，经2~3个月就能发芽，待根群旺盛后，再定植于苗圃。秋末至春季为生长期，应每2~3个月追肥一次。夏季高温呈半休眠状态，应尽量保持通风凉爽，尤其在梅雨季节应注意避免高温、潮湿而导致病害发生。每年秋末气温降低后修剪整枝1次并施肥，可诱发新枝，促进生长。

适生地区: 西南、华东、华中、华南的山区较高海拔处。

观赏特性: 本种树形挺拔，树冠呈黄绿相间的外观，是难得的彩叶针叶树。

园林应用: 宜配植于庭院、公园、小区等处，亦可列植于道路两侧，也常用于灌木花境、针叶树花境中。

胡颓子科 **Elaeagnaceae**

144

金边胡颓子

学名： *Elaeagnus pungens* ‘Aureo-marginatus’

科属： 胡颓子科胡颓子属

形态特征： 常绿灌木，高1.5米，有刺，小枝、叶背、果皮被褐色鳞片。叶椭圆形，革质有光泽，边缘微波状而常反卷，上面绿色，边缘金黄色，下面银白色。花1~4朵簇生于叶腋，乳白色，下垂。果实椭圆形，熟时红色。花期10~11月，果期次年5月。

生态习性： 喜温暖湿润气候，喜光照充足，耐寒，耐干旱，耐水湿，对土壤要求不严。

繁殖栽培： 常用扦插繁殖。管理粗放，秋、冬季修剪1次，以保持优良株形。

• 金心胡颓子

• 金心胡颓子

适生地区： 我国长江流域以南省区。

观赏特性： 本种树冠球形开展，叶色斑驳，奇特美丽，但不宜过度阴庇，否则叶色会转绿，影响观赏价值。

园林应用： 宜配植于庭园观赏，常修剪成球形孤植于草坪中，也可搭配花境。

同属常见栽培的品种有：

金心胡颓子*Elaeagnus pungens* ‘Fredricii’：叶中心有金色斑块，边缘绿色。

大戟科 Euphorbiaceae

145

变叶木

长叶变叶木

学名: *Codiaeum variegatum*

科属: 大戟科变叶木属

别名: 洒金榕

形态特征: 常绿灌木。单叶互生，有柄，革质。变叶木以叶形叶色多变而得名，其叶形有披针形、卵形、椭圆形，还有波浪起伏状、扭曲状等，其叶色有亮绿色、白色、灰色、红色、淡红色、深红色、紫色、黄色、黄红色等。

生态习性: 喜光，耐半阴，忌烈日直射。喜高温湿润，不耐寒，耐水湿。喜深厚肥沃、排水顺畅的砂质壤土。

繁殖栽培: 扦插繁殖为主。常于春末秋初用当年生的枝条进行嫩枝扦插，或于早春用生的枝条进行老枝扦插。4~8月生长期要多浇水，经常给叶片喷水，保持叶面清洁及潮湿环境。生长期一般每月施1次液肥或缓释性肥料。冬季应控制浇水，否则容易导致落叶。

适生地区: 华南、西南、华东南部可露地栽培。北方多盆栽观赏，冬季需室内越冬。

观赏特性: 本种叶形多变，叶色丰富，是观叶的佳品。

园林应用: 华南地区常片植于道路、公园、草坪作彩篱，或丛植于庭院、小区等处观赏。

复叶变叶木

• 螺旋叶变叶木

• 戟叶变叶木

常见栽培的品种有：

① 长叶变叶木*f.ambiguum*：叶片长披形。

② 复叶变叶木*f.appendiculatum*：叶片细长，前端有1条主脉，主脉先端有匙状小叶。

③ 螺旋叶变叶木*f.crispum*：叶片波浪起伏，呈不规则的扭曲与旋卷，叶先端无角状物。

④ 戟叶变叶木*f.lobatum*：叶宽大，3裂，似戟形。

⑤ 阔叶变叶木*f.platypHyllum*：叶卵形。

⑥ 细叶变叶木*f.taeniosum*：叶带状。

• 阔叶变叶木

• 细叶变叶木

146

红桑

学名: *Acalypha wilkesiana*

科属: 大戟科铁苋菜属

别名: 铁苋菜

形态特征: 常绿灌木，高达2.5米。单叶互生，卵圆形，长6~12厘米，叶形如桑叶，缘有锯齿，有红色或黄色斑纹。花小，单性，无花瓣，穗状花序，长10~20厘米。其园艺品种众多。

生态习性: 喜光，但忌烈日曝晒，喜高温多湿气候，耐寒性差。生性强健，宜生于疏松肥沃、排水良好的土壤。

繁殖栽培: 多用扦插繁殖，很易成活。扦插以初夏为宜，在成熟的一年生嫩枝上剪取12~15厘米长的插穗，待剪口流出的乳汁晾干后，再插入湿润沙床，保持室温25~30℃和较高的空气湿度，约3周即可生根。一般扦插苗当年就可盆栽观赏。

适生地区: 原产南太平洋新赫布里底群岛。华南可露地栽培。

观赏特性: 本种株型饱满，叶形奇特，叶色丰富，是观叶佳品。

园林应用: 华南常露地片植作彩篱或丛植于草坪、庭院、小区。北方常作为温室观叶盆栽。

同属常见栽培的品种有:

① 银边红桑 ‘Marginata’: 叶色绿色或红色，叶缘带金黄色边纹。

• ‘霓彩天堂’红桑

② 金边红桑 ‘Mustrata’: 叶色绿色或红色，叶缘有银白色边纹。

③ 洒金红桑 ‘Java White’: 叶面有金黄色斑点。

④ ‘霓彩天堂’红桑 ‘Beyond Paradise’: 叶色橙黄色，略带浅绿色斑纹。

金边红桑

金边红桑

撒金红桑

撒金红桑

‘霓彩天堂’红桑

银边红桑

银边红桑

147

雪花木

学名: *Breynia nivosa* 'Roseo-Picta'

科属: 大戟科黑面神属

别名: 白雪树、彩叶山漆茎

形态特征: 常绿小灌木。株高约50~120厘米。叶互生，全缘，圆形或阔卵形，有大小不一的白色斑纹。花小，极不明显，花期6~10月。

生态习性: 需全日照或半日照，阴暗处时间过长，则植株徒长，株形松散。喜高温湿润气候，不耐寒，生长适温22~30℃。栽培宜用疏松肥沃、排水良好的砂质壤土。

繁殖栽培: 扦插繁殖或高压繁殖。

适生地区: 我国华南、西南南部及华东南部可露地栽培。北方多温室盆栽观赏。

观赏特性: 雪花木株型紧凑，叶色亮丽，新叶略带红色，光线充足处叶面白斑明显，片植似白色彩带，极为美观。

园林应用: 可作彩叶绿篱片植于林缘、护坡地、路边等，亦可配植于庭院、花境、公园绿地等。

148

花叶木薯

学名: *Manihot esculenta* ‘Variegata’

科属: 大戟科木薯属

别名: 斑叶木薯

形态特征: 直立灌木，成株地下有肥大块根，株高1~3米。叶互生，纸质，掌状深裂或全裂，裂片倒披针形至狭椭圆形，顶端渐尖，全缘，叶柄鲜红色，叶面中心部位有黄色斑。圆锥花序顶生或腋生。蒴果椭圆形。花期秋季。

生态习性: 喜高温、多湿和充足的阳光。不耐寒。在土层深厚、肥沃的土壤上生长良好。

繁殖栽培: 主要用扦插法繁殖。以春、夏季最好。栽培以肥沃的砂质壤土为佳，生长期保持土壤湿润，不可积水，否则会引起根部腐烂，亦不可过干，否则会产生落叶。每月施肥1次，增施2~3次磷、钾肥。秋后应减少浇水。分枝少可摘心，以促使多分枝，每年冬季落叶后强剪。

适生地区: 原产巴西。我国华南及西南、华东南部适生。

观赏特性: 本种株型舒展，叶色斑斓，极为美观，是优良的观叶植物。

园林应用: 适合庭院、绿地或路边绿化，也适合与其他植物配植。

禾本科 Gramineae

149

菲白竹

学名: *Pleioblastus fortunei*

科属: 禾本科苦竹属

形态特征: 常绿灌木。竿高15~40厘米，节间细而短小，光滑无毛。小枝具4~7叶，叶片短小，披针形，长6~15厘米，宽8~14毫米，叶面通常有黄色或浅黄色乃至近于白色的纵条纹。笋期4~6月。

生态习性: 喜光但忌烈日，宜半阴，喜温暖湿润气候，较耐寒。喜肥沃疏松、排水良好的砂质壤土。

繁殖栽培: 分株法繁殖。在2~3月将成丛母株连地下茎带土挖出，分栽即可，母株根系浅，有时带土有困难，应随挖随栽。生长季移植则必须带土，否则不易成活。栽后要浇透水并移至阴湿处养护。

适生地区: 我国长江流域各省区。

观赏特性: 本种植株低矮，叶片秀美，叶色醒目，是新优彩叶地被竹类。

园林应用: 常植于庭园观赏，栽作地被、绿篱或与假山石配植，亦可盆栽或盆景中配植。

150

斑叶棕竹

学名: *Rhapis excelsa* ‘variegata’

科属: 禾本科棕竹属

别名: 花叶棕竹、斑叶观音竹、斑叶筋头竹

形态特征: 常绿丛生灌木，高2~3米，茎圆柱形，有节。叶掌状深裂，裂片4~10片，长20~32厘米或更长，宽1.5~5厘米，宽线形或线状椭圆形。花序长约30厘米，花色黄绿色。果实球状倒卵形。花期6~7月，果10~12月成熟。

生态习性: 喜温暖湿润及通风良好的半阴环境，不耐积水，极耐阴，株形小，生长缓慢，对水肥要求不十分严格。要求疏松肥沃的酸性土壤，不耐瘠薄和盐碱。

繁殖栽培: 分株繁殖。几乎全年都可进行。生长期应注意保持土壤湿润，适当施肥1~2次，夏季炎热光照强时，应适当遮阴，否则叶片常会焦边。

适生地区： 华南、西南、华东南部可露地栽培。北方常盆栽观赏。

观赏特性: 本种株型整齐清秀，叶色斑驳醒目。

园林应用： 宜丛植于庭院、公园、建筑物角隅，亦常作为盆栽观赏。

151

菲黄竹

学名: *Arundinaria viridistriata*

科属: 禾本科北美箭竹属

形态特征: 常绿灌木，竿高30~50厘米。小枝具4~7叶，叶片短小，披针形，长8~16厘米，宽1.5~30厘米，嫩叶纯黄色，具绿色细条纹，老叶片具绿色粗条纹，有时变全绿。

生态习性: 喜光，喜温暖湿润气候，较耐寒，不耐水涝，喜疏松肥沃、排水顺畅的壤土。

繁殖栽培: 分株法繁殖。在2~3月将成丛母株连地下茎带土移植，分栽即可。生长季适当浇透水，施肥1~2次亦可，雨季注意排水。养护管理较为粗放。

适生地区: 长江流域以南省区。

观赏特性: 本种植株低矮，叶片秀美，叶色斑驳醒目，是新优彩叶地被竹类。

园林应用: 常植于庭园观赏，栽作地被、绿篱或与假山石配植，亦可盆栽或盆景中配植。

金缕梅科 Hamamelidaceae

152

‘银色国王’北美枫香

学名: *Liquidambar styraciflua* ‘Silver King’

科属: 金缕梅科枫香树属

形态特征: 落叶乔木，树冠卵圆形。叶5~7裂，互生，长10~18厘米，叶柄长6~10厘米，叶边缘有大小不一的银白色斑纹。头状果序圆球形。花期4~5月，果期9~10月。

生态习性: 喜温暖湿润与阳光充足的环境，较耐寒，不耐水涝。喜疏松肥沃、排水顺畅的酸性至中性土壤。根深性，抗风能力强，耐火烧，萌发力强。

繁殖栽培: 嫁接繁殖。可用原种北美枫香*Liquidambar styraciflua*作砧木。生长期遇干旱需及时补水，雨季防涝排水。

适生地区: 原产美国东南部。我国长江流域至黄河流域适生。

观赏特性: 本种春、夏生长季叶色斑驳，呈现银白色树冠，秋季叶色变为黄色或橙红色，是极佳的园林观赏树种。

园林应用: 可丛植于常绿树背景前，亦可植于草坪、建筑物旁作园景树。

豆科 Leguminosae

153

金脉刺桐

学名: *Erythrina variegata* var. *picta*

科属: 豆科刺桐属

别名: 黄脉刺桐、斑叶刺桐

形态特征: 高大落叶乔木，株高可达20米，树干具粗刺。叶为三出羽状复叶，互生，小叶平滑，近菱形，叶主脉与侧脉金色。总状花序生于嫩枝头，先叶开放，花蝶形，红色。荚果状似念珠，种子暗红色。花期3月，果期8月。

生态习性: 喜高温高湿气候，喜光，不耐寒冷、不耐干旱，稍耐阴。适生于肥沃、疏松的酸性土壤。

繁殖栽培: 扦插繁殖。扦插于早春芽未萌动时进行。定植时应施入有机肥，以保证养分供应，花前花后追施复合肥，也可每隔2~3周追施1次豆饼液肥，薄肥勤施。花后需及时进行修剪。夏季气温高，应适当补水。

适生地区: 华南、华东南部、西南南部省区。

观赏特性: 本种冠大荫浓，树形雄伟，叶脉金黄，花色嫣红，颇为醒目。

园林应用: 可作行道树，亦可独植于草坪、庭院观赏。树冠外观偏黄色，可以调节林相。

154

花叶牛蹄豆

学名: *Pithecellobium dulce* ‘Variegatum’

科属: 豆科猴耳环属

别名: 斑叶金龟树、斑叶牛蹄豆

形态特征: 常绿小乔木，枝条通常下垂，小枝有由托叶变成的针状刺。羽片1对，每一羽片只有小叶1对，小叶坚纸质，长倒卵形或椭圆形，先端钝或凹入，形似牛蹄；新叶为粉红色或者白色，成熟叶白绿相间，老叶逐渐变为全绿色。头状花序小，花冠白色或淡黄色。果线形，长10~13厘米。花期3月，果期7月。

生态习性: 喜光，喜高温湿润的气候，耐热、耐寒性弱，温度必须在5℃以上，耐干旱贫瘠与盐碱。抗风、抗污染。

繁殖栽培: 嫩枝扦插法繁殖。扦插之前需浸泡1500倍左右的生根剂2小时，扦插成活率可达70%。可以用牛蹄豆*Pithecellobium dulce* 作砧木，嫁接繁殖。

适生地区: 我国华南地区可露地栽培。

观赏特性: 本种新叶嫩红色，着生枝头，有开花般的观赏效果，生长期叶色白绿相间，极为醒目。

园林应用: 可配植于公园、路畔、山坡等处，因有锐枝刺，可作为刺篱。叶色富于变化，亦是室内栽培观叶佳品。

马钱科 Loganiaceae

155

斑叶灰莉

学名: *Fagraea ceilanica* 'Variegata'

科属: 马钱科灰莉属

别名: 斑叶非洲茉莉

形态特征: 常绿乔木或攀援灌木状，高达15米，全株无毛。叶稍肉质，椭圆形、倒卵形或卵形，全缘，长5~25厘米，叶上有大小不一的金黄色斑块。花单生或为顶生二歧聚伞花序，花冠漏斗状，长约5厘米，稍肉质，白色，芳香。浆果卵圆形或近球形。花期4~8月，果期7月至翌年3月。

生态习性: 喜光，亦耐半阴，喜温暖湿润的气候，不耐寒，低于5℃易受冻害，稍耐旱。不择土壤。萌发力强，耐修剪。

繁殖栽培: 用扦插或压条繁殖。7~8月采取当年生枝条扦插40~60天可生根，成活率达85%以上。生长期注意浇水，并经常向叶面喷水保湿，适当施肥2~3次。树干基部萌蘖芽应及时剪去，以免消耗植株过多的养分。

适生地区: 华南、西南、华中南部、华东南部。

观赏特性: 本种株型紧凑，叶色斑驳，花色素雅，花气芳香，是彩叶芳香树种。

园林应用: 可片植为彩篱，或修剪为球形、卵形等各种造型。

木兰科 Magnoliaceae

156

金边鹅掌楸

学名： *Liriodendron tulipifera* var. *Aureo-marginatum*

科属： 木兰科鹅掌楸属

别名： 金边马褂木

形态特征： 落叶乔木，高达40米，干皮灰白光滑。小枝具环状托叶痕。单叶互生，有长柄，叶端常截形，两侧各具一凹裂，全形如马褂，叶缘有大面积金色斑块。花黄绿色，杯状，花被片9枚，长2~4厘米，单生枝端，4~5月开花。

生态习性： 喜温暖湿润气候及深厚肥沃的酸性土壤。喜光，耐寒性不强，忌积水，生长较快。对有害气体的抵抗性较强。

繁殖栽培： 嫁接繁殖。本种为北美鹅掌楸 *Liriodendron tulipifera* 的园艺变种，其原种我国不产，故多用鹅掌楸 *Liriodendron chinense* 为砧木嫁接。嫁接宜在早春进行。生长期注意保持湿润，雨季注意排涝。需要及时除去砧木萌蘖。

适生地区： 我国长江以南各省区。

观赏特性： 本种花大美丽，生长期叶色斑驳，极为美观，秋季叶色金黄色，更为壮观，为珍贵稀有的园林观赏树种。

园林应用： 宜丛植、列植或片植于草坪、公园入口处，或群植于山地、丘陵营造风景林，亦可作行道树、庭荫树。

157

花叶荷花玉兰

学名: *Magnolia grandiflora* 'Gallisoniensis vareiegata'

科属: 木兰科木兰属

别名: 花叶广玉兰、斑叶荷花玉兰

形态特征: 常绿乔木，原产地高达30米。叶长椭圆形，长10~20厘米，厚革质，表面亮绿色，有大小不一的金黄色斑块，背面有锈色绒毛。花大，直径15~20厘米，白色，芳香。花期6~7月。

生态习性: 原产美国东南部。喜光，喜温暖湿润气候及湿润肥沃土壤，不耐寒，耐烟尘，对二氧化硫等有害气体抗性较强。

繁殖栽培: 嫁接繁殖。可用原种荷花玉兰Magnolia grandiflora作砧木。应选择在3月中旬至4月上旬进行，应当日嫁接当日采条，接穗要剪掉叶片，只留一点叶柄。嫁接后约20~25天伤口愈合，生长期注意除去砧木萌条即可。

适生地区: 我国长江流域及其以南省区，华北常见盆栽观赏。

观赏特性: 本种花大芳香，新叶近乎全叶金黄色，老叶叶色斑驳，为优良的城市绿化及观赏树种。

园林应用: 可配植于草坪、庭院、公园，叶色富于变化，盆栽观赏极佳。叶入药，可治高血压。

锦葵科 Malvaceae

158

金边纹瓣悬铃花

学名: *Abutilon pictum* 'Marginata'

科属: 锦葵科苘麻属

别名: 金边金铃花

形态特征: 常绿灌木，高约1米。单叶互生，叶掌状3~5深裂，直径约5~8厘米，叶缘具锯齿，有淡黄色斑纹，叶柄长3~5厘米。花腋生，花瓣5枚，单生，下垂，钟形，桔黄色，具紫色条纹。花期4~11月。

生态习性: 喜光，稍耐阴，喜温暖湿润气候，不耐寒，越冬温度最低为3~5℃，耐瘠薄，生长势强，耐修剪。

繁殖栽培: 扦插繁殖。栽培以肥沃湿润、排水良好的微酸性土壤较好。生长季节注意浇水，并施肥2~3次，花期适当控制水肥。生长快，亦倒伏，一般2~3年可重剪以促进更新，从而保证树形整齐。

适生地区: 我国华南、西南、华中南部及华东南部。

观赏特性: 本种花型奇特，花色美丽，温暖地区花期极长，几乎全年开花，叶色醒目，是赏花观叶的佳品。

园林应用: 可配植于公园、庭院、小区，亦可盆栽观赏。

159

花叶扶桑

学名： *Hibiscus rosa-sinensis* var. *variegata*

科属： 锦葵科木槿属

别名： 花叶朱槿、彩叶朱槿

形态特征： 常绿大灌木。茎直立而多分枝，高可达6米。叶互生，阔卵形至狭卵形，长7~10厘米，具3主脉，叶上有大面积的不规则红色斑纹，偶有乳白色斑纹。花大，单生于上部叶腋间，有单瓣、重瓣之分。蒴果卵圆形。花期全年，夏秋最盛。

生态习性： 喜光，喜温暖湿润气候，不耐寒，耐干旱贫瘠。萌蘖性强，耐修剪。喜深厚肥沃、排水良好的砂质壤土。

繁殖栽培： 扦插、分株、压条等法繁殖。移植可在落叶后或早春萌芽前进行。

适生地区： 华南、西南南部、华东南部普遍栽培。

观赏特性： 本种叶色多变，或嫣红或乳白或撒金，片植则呈现暗红色调，且花大美丽，花色丰富，花期极长，是华南地区常见的彩篱树种。

园林应用： 可做花篱、绿篱或庭院配植，丛植于水滨、湖畔、林缘亦很适宜。

160

花叶木槿

学名: *Hibiscus syriacus* ‘Purpureus Variegatus’

科属: 锦葵科木槿属

别名: 欧洲花叶木槿

形态特征: 落叶灌木，高3~4米。叶菱状卵圆形，长3~6厘米，宽2~4厘米，常3裂，基部楔形，叶缘有乳白色斑纹。花单生叶腋，花冠钟形，紫红色，重瓣，直径约5~6厘米。蒴果卵圆形。花期7~10月。

生态习性: 喜光，也耐半阴。性喜温暖湿润，也耐干燥严寒；耐贫瘠，养护管理比较粗放。耐修剪，抗烟尘，抗氟化氢等有害气体。

繁殖栽培: 主要是扦插繁殖。在早春枝叶萌发前进行。定植后应注意雨季排水防涝，秋末应把晚秋梢、过密枝及弱小枝条、枯枝剪去，以利通风透光、保持株型及防寒越冬。园林散植的，在定植后的第二年春季截干，促其基部分枝，这样二年生苗即可培养成理想树形。

适生地区: 本种2002年引自欧洲的比利时，为木槿的栽培品种。我国黄河流域以南省区广泛适生。

观赏特性: 本种叶色彩斑鲜明，花期极长，花色紫红，适应性强，是观叶观花的佳品。

园林应用: 可丛植于公园、庭院、草坪、林缘观赏，亦可作彩篱、花篱。

161

三色黄槿

学名: *Hibiscus tiliaceus* ‘Tricolor’

科属: 锦葵科木槿属

别名: 花叶黄槿

形态特征: 常绿灌木或小乔木，高4~10米，树皮灰白色，小枝近无毛。叶革质，近圆形，长宽约7~15厘米，上面绿色，下面灰白色，叶脉7~9条，新叶白绿相间间杂红色，老叶具白色散斑。花顶生或腋生，常数花排成聚伞花序，花冠橙黄色，直径6~7厘米。蒴果卵圆形。花期6~9月。

生态习性: 喜光，稍耐阴，喜高温多湿环境，不耐寒，稍耐旱，对土壤要求不严。生长速度快，萌发力强。

繁殖栽培: 扦插繁殖在春夏季进行。定植后生长期注意保持湿润，适当施肥1~2次，花后修剪。

适生地区: 华南、西南、华东南部及华中南部。

观赏特性: 本种花色橙黄色，花大色艳，花色多变，红黄绿间杂，是观叶观花佳品。

园林应用: 可配植于公园、小区、庭院，亦可片植于道路、山坡林缘。可作盆栽观赏。

桑科 **Moraceae**

162

花叶垂榕

学名: *Ficus benjamina* 'Variegata'

科属: 桑科榕属

别名: 斑叶垂榕

形态特征: 常绿大乔木，高7~30米，园林中常作灌木应用。枝条下垂。叶互生，薄革质，有光泽，椭圆形或卵状椭圆形，长5~10厘米，宽2~6厘米，先端渐尖，基部圆形或宽楔形，全缘，叶边缘有乳白色斑纹。

生态习性: 喜光，也耐半阴。喜高温湿润气候，不耐寒，低于5℃即会受寒害。耐水湿，也耐旱。对土壤要求不严，但在疏松肥沃的壤土中生长良好。生长速度快，耐修剪。

繁殖栽培: 扦插繁殖。春夏季均可进行，生根容易。栽培时养护管理粗放。

适生地区: 华南、云南、贵州、福建、台湾可露地栽培。

观赏特性: 本种树形整齐，树冠饱满；叶色绿白斑驳，鲜明醒目。

园林应用: 可作彩叶彩篱片植，华南常修剪成各种造型。北方多作观叶盆栽。

163

花叶橡皮树

学名: *Ficus elastica* 'Variegata'

科属: 桑科榕属

别名: 花叶印度榕

形态特征: 常绿大乔木，高达30米，树冠开展，树皮平滑，有乳汁。叶厚革质，有光泽，长椭圆形或矩圆形，长5~30厘米，宽7~9厘米，全缘，叶面上常有黄白色斑纹。本种园艺品种极多。

生态习性: 喜光，喜高温多湿的环境，不耐寒，耐水湿。不择土壤，但以疏松肥沃的壤土生长较好。

繁殖栽培: 扦插繁殖。在春季进行，选用顶枝或侧枝的枝梢3~4节，剪取后为防乳汁渗出，剪刀要蘸上草木灰，保留上部1~2枚叶。扦插后在20℃条件下，1~2月可生根。也可单芽扦插，插后用玻璃或塑料罩住，保持湿润，约4~5星期后可以生根。

适生地区: 华南、西南、华东南部。

观赏特性: 本种树形高大，树冠外围呈黄色外观，可调节热带常绿林相。

园林应用: 常孤植于草坪、庭院观赏，亦可列植于道路、水边。小苗多作观叶盆栽。

同属常见栽培应用的品种有:

①‘红关公’橡皮树*Ficus elastica* 'Belize': 叶缘有金色斑纹，叶面泛红色。

②‘黑金刚’橡皮树 *Ficus elastica*‘Burgundy’: 又名黑叶橡皮树、黑叶印度榕。叶色墨绿中略显黑色。

• ‘红关公’橡皮树

• ‘红关公’橡皮树

• ‘红关公’橡皮树

• ‘黑金刚’橡皮树

• ‘黑金刚’橡皮树

桃金娘科 Myrtaceae

164

花叶香桃木

学名: *Myrtus communis* 'Variegata'

科属: 桃金娘科香桃木属

别名: 花叶茂树、花叶爱神木

形态特征: 常绿灌木，高1~3米。小枝密集，叶对生，革质有光泽，全缘，暗绿色，叶边缘有乳黄色斑纹。花单生叶腋或数朵排成聚伞花序，花冠白色，芳香，雄蕊多数。浆果球形，黑色。花期5~6月。

生态习性: 喜温暖湿润气候，喜光，亦耐阴，适宜排水良好、中性至偏碱性土壤。耐修剪。

繁殖栽培: 扦插繁殖，于春季采用半硬枝条扦插。管理粗放，病虫害少。

适生地区: 原产地中海沿岸地区。长江流域以南省区适生。

观赏特性: 本种树冠球形，枝叶繁茂，叶色斑驳且具芳香。

园林应用: 适合庭园种植，或栽于林缘作绿篱，亦可作花境背景树或中景。

紫茉莉科 Nyctaginaceae

165

斑叶光叶子花

学名: *Bougainvillea glabra 'sanderiana Variegata'*

科属: 紫茉莉科叶子花属

别名: 斑叶九重葛

形态特征: 常绿藤状灌木，枝长可达5米，具刺，腋生。叶纸质，椭圆形或卵形，叶缘有乳黄色斑块。花序腋生或顶生，苞片椭圆状卵形，基部圆形或心形，白色、暗红色、紫红色、粉色及复色等。花期几乎全年。

生态习性: 喜温暖湿润环境，喜光，不耐阴，耐热，不耐寒，对土质要求不严。

繁殖栽培: 繁殖采用扦插法。定植成活后为保证生长所需的养分，每月施肥1次，秋季增施有机肥，成株常年开花不断，养分消耗较多，每年施肥3~5次补充营养。叶子花对水分敏感，水分过分，开花不良，因此开花期要控制水分。叶子花枝条散乱，要注意修剪，可促进侧枝生长，当枝条过密时，应进行疏剪。

适生地区: 原产热带美洲。我国华南、华中南部、西南地区适生。

观赏特性: 本种花繁叶茂，常年开花不断，叶色斑驳，极具观赏价值。

园林应用: 适合栅栏、围墙及山石的立体绿化，也可修剪成灌木植于山石边、水岸、路边或庭院中观赏。

木犀科 Oleaceae

166

‘金脉’连翘

学名: *Forsythia suspensa* ‘Goldvein’

科属: 木犀科连翘属

别名: 网脉连翘

形态特征: 连翘*Forsythia suspensa*的园艺品种。落叶灌木，丛生，枝开展，拱形下垂，先花后叶。花期4~5月，整个生长季节叶色嫩绿色，叶脉网状金黄色。

生态习性: 喜光，喜温暖凉爽气候，抗寒性强，耐干旱贫瘠。喜排水良好、深厚肥沃的砂质壤土。

繁殖栽培: 可扦插或压条繁殖。

适生地区: 我国黄河流域至长江流域省区。

观赏特性: 早春黄花满枝，明亮醒目，整个生长季叶脉呈网状金黄色。

园林应用: 宜配植于河岸、水边、岩石等处，亦可配植于花境、花坛等处。

167

花叶素方花

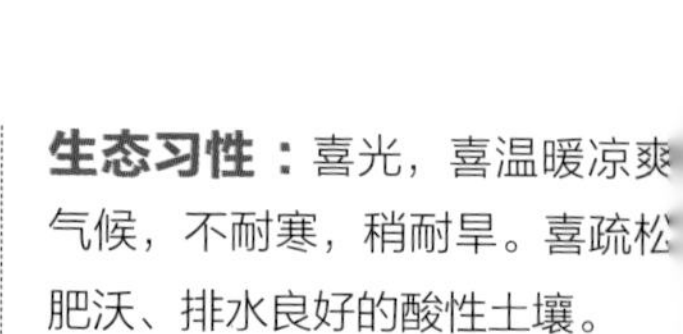

学名: *Jasminum officinale* 'Argenteovariegatum'

科属: 木犀科素馨属

别名: 花叶素馨

形态特征: 常绿藤木，茎细弱，绿色，4棱。羽状复叶对生，小叶通常5~7枚，卵状椭圆形至披针形，叶缘有金色斑纹。花冠白色或外面带粉红色，直径约2.5厘米，芳香；2~10朵成顶生聚伞花序。花期5~9月。

生态习性： 喜光，喜温暖凉爽气候，不耐寒，稍耐旱。喜疏松肥沃、排水良好的酸性土壤。

繁殖栽培： 扦插或压条繁殖。养护管理粗放。

适生地区： 西南、华东、华南、华中适生。

观赏特性： 本种全年枝叶金黄色，花色素雅，花芳香馥郁，是难得的彩叶藤本。

园林应用： 可配植于假山、山石、林缘，亦可植于篱笆、墙垣等处任其攀爬，还可植于高处自然下垂观赏。

168

金森女贞

学名： *Ligustrum japonicum* 'Howardii'

科属： 木犀科女贞属

别名： 哈娃蒂女贞

形态特征： 为日本女贞 *Ligustrum japonicum* 的园艺品种。常绿灌木，高3~5米。叶革质，厚实，有肉感；春季新叶鲜黄色，至冬季转为金黄色，部分新叶沿中脉两侧或一侧局部有云翳状浅绿色斑块。花白色。果实呈紫色。花期5月。常见的园艺品种有银霜女贞 *Ligustrum japonicum*'Jack Frost'等。

生态习性： 喜光，喜温暖湿润气候，耐寒，耐旱，对土壤要求不严，酸性、中性和微碱性土均可生长。萌蘖力强，耐修剪。

繁殖栽培： 扦插繁殖。在春夏季温度22~30℃，相对湿度50%~80%间扦插生根率几乎达100%，成活率可达95%。

适生地区： 我国东北南部、华北、华东、华中至西南省区。

观赏特性： 本种枝叶稠密，色彩明快悦目，观叶期极长，分布范围广，适应性强，是业界公认的优良彩叶树种。

园林应用： 可片植作彩色绿篱、模纹花坛，亦可修剪为各种造型。

169

‘辉煌’大叶女贞

学名: *Ligustrum lucidum* ‘Excelsum Superbum’

科属: 木犀科女贞属

别名: 金边大叶女贞

形态特征: 常绿乔木，高可达25米。叶对生，革质，卵形至宽椭圆形，全缘，叶面边缘有金黄色斑纹。圆锥花序顶生，长8~20厘米，花白色，芳香。果成熟时呈红黑色。花期5~7月，果期7月至翌年5月。

生态习性: 喜光，喜温暖湿润气候，耐寒性好，耐水湿。为深根性树种，生长快，萌芽力强，耐修剪，但不耐瘠薄。对大气污染的抗性较强，也能忍受较高的粉尘、烟尘污染。

繁殖栽培: 嫁接繁殖。以原种女贞*Ligustrum lucidum*为砧木，嫁接可在早春进行。在春季和夏季的生长季需注意去除砧木萌蘖，并适当施肥1~2次。

适生地区: 黄河流域以南至长江流域。

观赏特性: 本种树冠紧凑，花香芬芳，春季树冠鲜黄色，秋冬季节深黄色，是难得的彩叶常绿乔木。

园林应用: 可配植于草坪、庭院、小区等处观赏，亦可作行道树、庭荫树或园景树。

170

银姬小蜡

学名: *Ligustrum sinense* 'Variegatum'

科属: 木犀科女贞属

形态特征: 常绿小乔木，老枝灰色，小枝圆且细长，叶对生，叶厚纸质或薄革质，椭圆形或卵形，叶缘镶有乳白色边环。花序顶生或腋生。核果近球形。花期4~6月。果期9~10月。

生态习性: 喜光，稍耐阴，较耐严寒与酷热，耐干旱、瘠薄，对土壤适应性强，酸性、中性和碱性土壤均能生长。

繁殖栽培: 扦插法繁殖，生根率高达90%。年生长量30~50厘米。一至二年生苗即可用于色块和绿篱，裸根移栽也能成活。修剪时如发现有绿色“返祖”枝条出现则应及时从基部剪除。

适生地区: 长江流域以南省区。

观赏特性: 本种枝叶繁茂，叶色斑驳，树冠呈银白色外观，在冬天低温或少光照叶色彩会变暗，直到春天阳光充足时才呈现鲜亮的色彩。

园林应用: 可修剪成质感细腻的地被色块、绿篱和球形，与其他色块植物配植，彩化效果更突出，也适合盆栽造型。

171

斑叶桂花

学名: *Osmanthus fragrans* 'Variegata'

科属: 木犀科木犀属

别名: 斑叶木犀

形态特征: 常绿小乔木，高达12米；树皮灰色，不裂。单叶对生，长椭圆形，长5~12厘米，缘具疏齿或近全缘，硬革质，叶面上具大小不一的乳白色斑块。花小，淡黄色，浓香，成腋生或顶生聚伞花序，9月开放。核果卵球形，蓝紫色。

生态习性: 喜光，也耐半阴，喜温暖气候，不耐寒，淮河以南可露地栽培。对土壤要求不严，但以排水良好、富含腐殖质的砂质壤土为最好。

繁殖栽培: 扦插或压条繁殖。一般在春夏季进行。移植宜在春季，生长期应注意浇水，雨季及时排涝，秋季花前增施磷钾肥，花后可穴施基肥，以保证来年长势茂盛。

适生地区: 原产我国西南部，现各地广为栽培。华北常盆栽，冬季入室内防寒。

观赏特性: 本种叶色斑驳，新叶更是粉红色、乳白色、绿色间杂，更为美观，且花色芳香，是极具市场开发前景的庭院观赏树种。

园林应用: 宜配植于庭院、别墅、小区，或与其他彩叶树配合造景。

172

‘三色’柊树

学名: *Osmanthus ilicifolius* ‘Tricolor’

科属: 木犀科木犀属

别名: 三色刺桂

形态特征: 常绿灌木或小乔木，高可达3米。叶对生，硬革质，卵状椭圆形，长3~6厘米，宽1.5~2.5厘米，叶缘带有3~5对大刺齿，新叶乳白色微粉红色，老叶叶面有乳黄色碎色。花白色，具甜香，簇生叶腋。幼果绿色，熟时紫黑色。花期9~12月。

生态习性: 喜光，也能耐阴，稍耐寒。生长慢，对土壤要求低，在排水良好、湿润肥沃的土壤中生长旺盛。适应性强，栽培容易。

繁殖栽培: 扦插或压条繁殖。宜在春季进行。生长期保持土壤湿润，适当施肥2~3次。雨季注意排水。除了造型需要，一般无需修剪。

• 全边柊树

适生地区： 华东、华中、西南以及华北南部。

观赏特性： 本种叶色斑驳，花洁白芳香，是彩叶芳香树种。

园林应用： 可配植于庭院、公园、林缘、花境等处，亦可盆栽观赏。

同属常见栽培的有:

金边柊树 *Osmanthus heterophyllus* ‘Variegatus’：叶边缘有大小不一的乳黄色斑块。

173

金边齿叶木犀

学　名: *Osmanthus* × *fortunei* 'Aureo-marginatus'

科属: 木犀科木犀属

别名: 金边齿叶桂

形态特征: 常绿灌木，高约2米。叶片厚革质，宽椭圆形，长6~8厘米，宽3~4厘米，先端渐尖，呈短尾状，具针尖头，叶缘具8~9对大而锐尖的锯齿。花序簇生于叶腋，每腋内有花6～12朵。花冠为白色，芳香。

生态习性: 喜光，稍耐寒。生长慢，对土壤要求低，在排水良好、湿润肥沃的土壤中生长旺盛。适应性强，栽培容易。

繁殖栽培： 扦插或压条繁殖。宜在春季进行。生长期保持土壤湿润，适当施肥2~3次。雨季注意排水。

适生地区： 华东、华中、西南省区。

观赏特性： 本种株型整齐，花洁白芳香，叶色斑驳，是彩叶芳香树种。

园林应用： 可配植于庭院、公园、林缘、花境等处，亦可盆栽观赏。

松科 Pinaceae

174

花叶赤松

学名: *Pinus densiflora* 'Oculus Draconis'

科属: 松科松属

别名: 蛇目赤松

形态特征: 常绿乔木，树皮黄红色，鳞状脱落，一年生枝淡桔黄色或红黄色，微被白粉，无毛，冬芽红褐色。针叶2针一束，长8~12厘米，针叶中下部黄白色。球果圆锥状卵形，长3~4厘米，成熟后呈淡褐黄色或淡黄色。花期4月，球果第二年9月下旬至10月成熟。

生态习性: 阳性树种，喜温暖凉爽的气候，耐寒，忌水涝，抗旱能力强。不择土壤，适应性强。

繁殖栽培: 嫁接繁殖。以赤松 *Pinus densiflora* 为砧木春接为好，即每年2月中旬至3月上旬新梢萌芽前进行。切砧木和削接穗的刀要严格分开。砧木上的原枝在嫁接后不应立即打除，在一定时间内要让接口附近的原枝适当生长，以促进接穗的生长。一般在2~3年内酌情把砧木上的原枝分次缩短，直到剪光，同时疏去密生枝和杂乱枝。

适生地区: 长江流域以北的地区。

观赏特性: 本种树干苍劲，叶色斑驳，整体树冠呈苍白色。

园林应用: 宜配植假山、山石，或点缀庭院、草坪，也是良好的盆景树种。

海桐花科 Pittosporaceae

175

斑叶海桐

学名: *Pittosporum tobira* 'Variegatum'

科属: 海桐花科海桐花属

别名: 花叶海桐

形态特征: 常绿灌木或小乔木，高达3米。枝叶密生，叶多数聚生枝顶，单叶互生，厚革质狭倒卵形，叶边缘上有不规则的银白色斑块；全缘，边缘常略外反卷。聚伞花序顶生，花白色或带黄绿色，芳香，蒴果近球形，成熟时3瓣裂，种子鲜红色。花期5月，果熟期9~10月。

生态习性: 喜光，亦较耐阴，不甚耐寒。对土壤要求不严，粘土、沙土、偏碱性土及中性土均能适应，萌芽力强，耐修剪。

繁殖栽培: 扦插繁殖。一般春季扦插，养护管理粗放。

适生地区: 我国华东、华中、华南、西南。

观赏特性: 本种枝叶繁茂、树形整齐，叶色斑驳、花气芳香。

园林应用: 可作彩叶绿篱或修剪成球形灌木，亦可配植于庭院、小区、公园或盆栽观赏。

蔷薇科 Rosaceae

176

花叶棣棠

学名: *Kerria japonica* 'Picta'

科属: 蔷薇科棣棠花属

别名: 银边棣棠

形态特征: 落叶灌木，高1.5~2米。叶卵形或三角状卵形，叶边缘有乳白色斑纹，长2~8厘米，宽1.2~3厘米，先端渐尖，边缘有重锯齿。花单生于侧枝顶端，花瓣黄色。花期4~6月，果期6~8月。

生态习性: 喜温暖湿润气候，喜光，稍耐阴，耐寒性不强。喜深厚肥沃、排水良好的疏松土壤。

繁殖栽培: 扦插、分株繁殖。移植应在早春萌芽前进行，小苗可裸根移植，大苗需带土球。

适生地区: 我国黄河流域至华南、西南等省区均可栽培应用。

观赏特性: 本种枝叶繁茂，叶色斑驳醒目，春夏季黄色点点，颇为诱人。

园林应用: 本种在园林中可用作彩篱、花篱，亦可丛植于草坪、角隅、路边、林缘、假山。

177

‘小丑’火棘

学名： *Pyracantha fortuneana* ‘Harlequin’

科属： 蔷薇科火棘属

形态特征： 常绿灌木，在北方为半常绿。单叶，互生，叶倒卵形或倒卵状长圆形，先端钝圆开微凹，边缘有钝锯齿，叶片有花纹，似小丑花脸，冬季叶片粉红色。花为白色，有复伞房花序。花期4~5月，果期8~11月。果近球形，深红色，挂果期近3个月。

生态习性： 喜温暖湿润及阳光充足的环境，较耐寒，耐盐碱、瘠薄，对土壤要求不严。生长快，耐修剪。

繁殖栽培： 扦插繁殖。扦插时间可在春季和夏季。养护管理粗放。

适生地区： 引种自日本。我国长江流域各省区适生。

观赏特性： 本种枝叶繁茂，叶色美观，初夏白花繁密，入秋果红如火，且留枝头甚久，是优良的观叶兼观果植物。

园林应用： 可作彩篱或地被，亦可丛植于草坪边缘、庭院及园路转角处。常修剪成球形造型。

茜草科 Rubiaceae

178

花叶栀子

学名: *Gardenia jasminoides* 'Variegata'

科属: 茜草科栀子属

别名: 斑叶栀子

形态特征: 常绿灌木，高达3米。叶对生，革质，少为3枚轮生，叶为倒卵状长圆形或椭圆形，叶缘有大小不一的金色斑块。花芳香，通常单朵生于枝顶，花冠白色或乳黄色。果椭圆形或长圆形，黄色或橙红色，有翅状纵棱5~9条，顶部的宿存萼片长达4厘米。花期6~7月，果期5月至翌年2月。

生态习性: 喜温暖湿润气候，忌阳光直射。抗烟尘、抗二氧化硫能力强。宜生长在疏松、肥沃、排水良好的轻黏性酸性土壤中。

繁殖栽培: 扦插繁殖。适当遮光，防止土壤干燥。增强施硫酸亚铁，以防缺铁引起黄化病。

适生地区: 我国华东部、华中、西南及华南。

观赏特性: 本种叶色斑驳，花色素雅，花朵芳香。

园林应用: 布置花境、庭院或片植于林下、林缘作耐阴湿地被植物。可点缀岩石园，也可应用于厂矿区绿化。北方地区可室内盆栽观赏。

同属栽培品种有:

花叶水栀子 *Gardenia augusta* 'Radicans Variegata'：又名斑叶水栀子，叶缘有金色斑纹。

杨柳科 Salicaceae

179

花叶杞柳

学名: *Salix integra* 'Hakuro Nishiki'

科属: 杨柳科柳属

别名:‘哈诺’杞柳、彩叶杞柳

形态特征: 落叶灌木，高1~3米，枝条放射状，小枝淡红色。叶对生，披针形，长2~5厘米，宽1~2厘米，基部圆形，几乎无柄而抱茎，全缘或上部有锯齿，幼叶粉红色或乳白色，成叶为黄绿色并带白色斑点。花先叶开放，花期4月。

生态习性: 喜光照充足，耐寒性强，耐水湿，对土壤要求不严，但以肥沃湿润且排水良好的土壤最为适宜。

繁殖栽培: 扦插繁殖，成活率高。生长势强，管理简便，极耐修剪，冬末需强修剪。

适生地区: 我国大部分地区。

观赏特性: 本种枝叶紧密，新叶色彩丰富，生长快，适应性强，是一种优良的彩色灌木。

园林应用: 可成片种植作彩色地被或布置花境，亦可片植于河岸边。因根系发达，也用作防风固土树种。

虎耳草科 Saxifragaceae

180

银边八仙花

学名: *Hydrangea macrophylla* var.*maculata*

科属: 虎耳草科绣球属

别名: 银边绣球

形态特征: 落叶灌木，高1~2米。小枝粗壮，皮孔明显。叶对生，厚纸质，叶片宽卵形，叶缘有白色斑块。伞房花序顶生，直径达20厘米，花序中央为可育花，粉红色，周围为不育花，白色。花期6~7月。

生态习性: 喜温暖湿润的气候，耐半阴，忌暴晒，忌涝，宜在肥沃、疏松、排水良好的砂质壤土中生长。

繁殖栽培: 扦插或分株繁殖。平时保持种植地土壤的湿润，栽培时适当遮光。

适生地区: 我国长江流域以南省区。

观赏特性: 本种叶片硕大，斑纹醒目，花大而美丽，是优良的耐阴观花植物。

园林应用: 适合片植于林缘，丛植于庭院、路旁、建筑物背阴面，或布置花境背景。

山茶科 Theaceae

181

花叶山茶

学名: *Camellia japonica* 'Variegata'

科属: 山茶科山茶属

别名: 斑叶山茶

形态特征: 常绿灌木，树皮灰褐色。叶互生，革质，叶先端渐尖，基部楔形，叶缘有细齿，叶表有光泽，具金黄色斑纹。花单生或对生于枝顶或叶腋，花红色，花瓣5~7枚。花期2~4月，果秋季成熟。现园艺栽培品种众多，各种花色均有。

生态习性: 喜温暖湿润和半阴环境，怕高温和烈日暴晒，不耐干旱。以土层深厚、排水良好的砂质酸性土壤最适宜。

繁殖栽培: 扦插、嫁接繁殖。栽培以腐叶土和粗沙的混合土为宜，生长期适当浇水，施肥1~2次，秋季注意保湿，增施磷钾肥，以促花繁叶茂。花后应及时摘除残花。

适生地区: 原产浙江、江西、四川及山东青岛等地。我国长江流域以南地区广泛栽培应用。

观赏特性: 本种叶色斑驳醒目，花大色妍，极具观叶观花价值。

园林应用: 江南地区可丛植或散植于庭园、花径、假山旁、草坪及树丛边缘，也可配植于山茶专类园。北方宜盆栽，用来布置厅堂、会场，效果甚佳。

瑞香科 Thymelaeaceae

182

金边瑞香

学名： *Daphne odora* f. *marginata*

科属： 瑞香科瑞香属

形态特征： 常绿灌木，高约2米。叶互生，长椭圆形，全缘，叶缘具金边，叶面光滑而厚，两面均无毛，表面深绿色，叶背淡绿色。头状花序顶生，花为白色或淡红紫色，芳香，花期3~4月。

生态习性： 耐阴性强，忌阳光暴晒，喜腐殖质多、排水良好的酸性土壤，耐寒性差，忌夏季燥热。

繁殖栽培： 播种、扦插、嫁接法繁殖，以扦插繁殖为主。扦插应于夏末秋初进行。病虫害有蚜虫和介壳虫等。

适生地区： 长江流域以南的南亚热带、热带地区；北方多盆栽观赏。

观赏特性： 瑞香株形优美，四季常绿，开花时，花朵累累，幽香四溢，是观叶、观花及制作盆景的好材料。

园林应用： 宜孤植、丛植于庭院、花坛、石旁、坡上、树丛之半阴处，列植道路两旁极为美观，也可盆栽，置于厅堂、阳台等处。

马鞭草科 Verbenaceae

183

金边六月雪

学名: *Serissa japonica* ‘Variegata’

科属: 马鞭草科白马骨属

形态特征: 常绿小灌木。株高50~70厘米，小枝灰白色，幼枝被柔毛。叶椭圆形，全缘，叶脉两面凸起，叶柄极短。花单生或数朵簇生，无梗，花冠白色。果小，花期5~6月，果期7~8月。

生态习性: 喜光也耐半阴，耐旱。在疏松肥沃的微酸性土壤中生长好。

繁殖栽培: 扦插繁殖。养护管理粗放。生长期应适当施肥。

适生地区: 我国长江以南各地有分布。生于山坡谷地、溪边路旁或林下。

观赏特性: 本种枝叶茂密，夏日白花点点，叶缘有金色斑纹，色彩亮丽。

园林应用: 布置庭院、花境，或作绿篱栽种，也常作林下、林缘的耐阴湿地被植物。南方常作盆景材料。

184

金边海州常山

学名: *Clerodendrum trichotomum* 'Variegatum'

科属: 马鞭草科大青属

别名: 斑叶海州常山

形态特征: 落叶灌木或小乔木，高可达8米。叶对生，广卵形至椭圆形，全缘或有时有波状齿，叶上有金黄色斑纹。花为白色或淡红色，排列为头状聚伞花序，顶生或腋生，花萼紫红色，下部合生，上部5深裂，花冠白色。浆果蓝色，有宿存红色花萼。花期6~9月，果期9~11月。

生态习性: 喜阳光，较耐寒、耐旱，也喜湿润土壤，能耐瘠薄土壤，但不耐积水。适应性强，栽培管理容易。

繁殖栽培: 扦插繁殖。生长期适当施肥，雨季注意排涝。养护管理粗放，病虫害少。

• 海州常山

适生地区: 我国长江流域至黄河流域广泛分布。

观赏特性: 本种花开时节繁密似锦，红白相间，叶色斑驳醒目，秋季亮蓝紫色的果实，与红、白花同时宿存在枝的顶端，艳丽可爱，是庭院观花观果的优良彩叶花灌木。

园林应用: 宜丛植在庭院、山坡、路旁、溪边，亦可盆栽观赏。

榆科 Ulmaceae

185

花叶榔榆

学名: *Ulmus parvifolia* 'Geisha'

科属: 榆科榆属

别名: 斑叶榔榆

形态特征: 落叶乔木。叶革质，椭圆形或倒卵形，通常长2~5厘米，边缘具单锯齿，叶上有乳黄色斑块。花秋季开放，常簇生于当年枝的叶腋。翅果长1~1.5厘米。花果期8~10月。

生态习性: 喜光，喜温暖湿润气候，耐干旱。适应性强，不择土壤。萌发力强，生长速度快，耐修剪。

繁殖栽培: 嫁接繁殖。可用榔榆作砧木。枝接时间在3月上中旬，以砧木苗尚未发芽前树液即将开始流动时最为适宜。芽接时间分夏季芽接和秋季芽接。

适生地区： 华北、华东、中南及西南省区。

观赏特性： 榔榆树形优美，叶色斑驳，生长期树冠外围呈现乳黄色，可调节林相。

园林应用： 宜庭院中孤植、丛植，或与亭榭、山石配植，亦可与常绿树、红叶树种、花灌木配植。

双色叶树种

胡颓子科 Elaeagnaceae

186

佘山羊奶子

学名: *Elaeagnus argyi*

科属: 胡颓子科胡颓子属

别名: 佘山胡颓子

形态特征: 落叶或半常绿灌木，偶为小乔木状，高达3~6米，树冠呈伞形，有棘刺。发叶于春秋两季，大小不一，薄纸质，小叶倒卵状长椭圆形，长12厘米，大叶倒卵形至宽椭圆形，长6~10厘米，叶背银白色，密被星状鳞片及星状绒毛。果长椭球形，长1~1.5厘米，红色。10~11月开花，翌年4月果熟。

生态习性: 喜光，耐半阴，喜温暖湿润环境，不甚耐寒，稍耐旱。对土壤要求不严，耐瘠薄。

繁殖栽培: 繁殖以播种为主，也可扦插。

适生地区: 长江流域以南省区。

观赏特性: 本种叶表绿色，叶背银白色，具光泽。秋季少花季节开花，花芳香馥郁。成熟果红色美丽。

园林应用: 宜植于庭园、林缘观叶观果。果可食，根供药用。

同属常见栽培应用的近似种有:

牛 奶 子 *Elaeagnus umbellata*：又名天青下白。叶表绿色，叶背银白色，密被星状鳞片而无绒毛。果实球形或卵形。花期4~5月，果期7~8月。

187

胡颓子

学名： *Elaeagnus pungens*

科属： 胡颓子科胡颓子属

别名： 三月枣、羊奶子

形态特征： 常绿直立灌木，高3~4米，具刺，刺顶生或腋生，长2~4厘米。叶革质，椭圆形或阔椭圆形，长5~10厘米，宽1.8~5厘米，边缘微反卷或皱波状，上面绿白色，具光泽，下面密被银白色和少数褐色鳞片。花白色或淡白色，1~3花生于叶腋锈色短小枝上。果实椭圆形，成熟时红色。花期9~12月，果期次年4~6月。

生态习性： 喜光，耐半阴，喜温暖湿润环境。对土壤要求不严，在湿润、肥沃、排水良好的土壤中生长良好。具有一定的耐寒和耐旱能力。

繁殖栽培： 繁殖以播种为主，也可扦插。移植宜在3月进行，小苗应带宿土，大苗应带土球。养护管理粗放，病虫害少见。

适生地区： 长江流域以南省区。

观赏特性： 本种叶表绿白色，叶背银白色，具光泽。花芳香，红果下垂，甚是可爱。

园林应用： 宜配植于林缘、路畔等处，也可作绿篱或修剪成球状灌木。

大戟科 Euphorbiaceae

188

红背桂

学名: *Excoecaria cochinchinensis*

科属: 大戟科海漆属

别名: 红背桂花

形态特征: 常绿灌木，高1~2米，全体无毛。单叶对生，狭长椭圆形，长6~13厘米，先端尖，基部楔形，缘有细浅齿，表面深绿色，背面紫红色，有短柄。花单性异株。蒴果球形，红色，径约1厘米。花期几乎全年。

生态习性: 耐阴，忌阳光曝晒。极不耐寒，冬季温度不低于5℃，不耐干旱。喜肥沃、排水良好的砂质壤土。

繁殖栽培: 以扦插繁殖为主。早春扦插，空气温度控制在25℃左右，应注意气温不能高于地温，否则插穗会发芽后生根，甚至不生根，造成假活现象，以至枯萎死亡。

适生地区: 我国华南地区，云南以及福建、台湾。北方多温室盆栽观赏。

观赏特性: 本种叶色浓绿，叶背红艳，是良好的观叶植物。

园林应用: 华南地区多做林下耐阴地被，可配植于庭园、公园、居住小区。

樟科 Lauraceae

189

舟山新木姜子

学名: *Neolitsea sericea*

科属: 樟科新木姜子属

别名: 五爪楠、男刁樟、佛光树

形态特征: 常绿乔木，高达10米，树皮灰白色，平滑。嫩枝、顶芽、幼叶两面密被金黄色丝状柔毛。叶互生，椭圆形，长7~20厘米，宽3~4.5厘米，革质，老叶上面毛脱落呈绿色而有光泽，叶背粉绿，有贴伏橙褐色绢毛，离基三出脉。伞形花序簇生叶腋或枝侧。果球形。花于11月上旬开放，果实于翌年10~11月陆续成熟。

生态习性: 为国家二级保护植物。喜光，喜冬暖夏凉气候，根系发达，具有耐盐碱、耐旱、抗风等特性，根基萌发力较强。

繁殖栽培: 以播种、扦插繁殖。秋冬季采种，置于水中浸2~3天，搓去果肉，然后洗净晾干沙藏。翌年3月播种，5月上旬出土，苗期须遮阴，当年生苗高10~15厘米。扦插以3月、6月为宜，插条以植株根部的萌蘖条及植株中上部的一年生枝条为好，苗木当年可出圃。

适生地区: 我国华东、华南沿海城市。

观赏特性: 本种树形整齐，枝叶茂密，枝叶密被金黄色绢状柔毛，在阳光照耀及微风的吹动下闪闪发光，故称“佛光树”，极具海带特色。冬季更是红果满枝，是不可多得的观叶兼观果树种。

园林应用: 珍贵的庭园观赏树及行道树，海岛地区值得大力推广。

野牡丹科 Melastomataceae

190

叶底红

学名: *Phyllagathis fordii*

科属: 野牡丹科锦香草属

别名: 野海棠、假紫苏、叶下红

形态特征: 常绿小灌木或亚灌木，高20~50厘米，或达1米。茎幼时四棱形。叶片对生，坚纸质，椭圆状心形或卵状心形，边缘具细重齿牙及缘毛和短柔毛，基出脉7~9。伞形花序或聚伞花序顶生，花瓣紫色或紫红色。蒴果杯形，为宿存萼所包。花期6~8月，果期8~10月。

生态习性: 喜阴，喜温暖湿润的气候，不耐寒，冬季低于0℃即受冻害。喜疏松肥沃、排水顺畅的酸性土壤。生长速度慢。

繁殖栽培: 可扦插、播种繁殖。

适生地区: 我国西南南部，华南及华东的福建、台湾等地可露地栽培。北方盆栽观赏。

观赏特性: 本种叶表浓绿，叶背常年深红色，且花色紫红，娇艳美丽。

园林应用: 最宜开发为耐阴观叶、观花盆栽，可片植作林下耐阴地被。

蔷薇科 Rosaceae

191

石灰花楸

学名： *Sorbus folgneri*

科属： 蔷薇科花楸属

别名： 石灰树、反白树、粉背叶

形态特征： 落叶乔木，高约10米，小枝黑褐色，幼枝、叶片下面、叶柄、总花梗、花梗和萼筒外面皆密生白色绒毛。叶片卵形或椭圆形，长5~8厘米，宽2~4厘米，边缘有细锯齿。复伞房花序多花，花白色，直径约1厘米。梨果椭圆形，红色。花期4~5月，果期7~8月。

生态习性： 喜光，也耐阴，喜温凉湿润环境，耐寒。喜湿润肥沃土壤。常散生于沿溪谷、山沟阴坡山林地。

繁殖栽培： 可播种繁殖。

适生地区： 华东、华中、华南、西南及陕西、甘肃的中、高海拔地区。

观赏特性： 本种树姿优美，春开白花，秋结红果，叶表绿色，叶背苍白色，全树树冠呈现白绿相间的外观。

园林应用： 中国特有种，目前国内罕见利用，可开发为观叶、观果的新优树种。

参考文献

[1] 吴棣飞，尤志勉. 常见园林植物识别图鉴 [M]. 重庆：重庆大学出版社，2010.

[2] 吴棣飞，高亚红. 花境植物选择指南 [M]. 武汉：华中科技大学出版社，2010.

[3] 吴棣飞，高亚红. 园林地被 [M] 2版. 北京：中国电力出版社，2012.

[4] 徐晔春，吴棣飞. 藤蔓植物 [M] 2版. 北京：中国电力出版社，2012.

[5] 徐晔春，吴棣飞. 观赏灌木 [M] 2版. 北京：中国电力出版社，2012.

[6] 徐晔春，吴棣飞. 观赏乔木 [M] 2版. 北京：中国电力出版社，2012.

[7] 臧德奎. 彩叶树种选择与造景 [M]. 北京：中国林业出版社，2003.